国际时装设计经典系列丛书

国际裙装款式设计 1000 例

1000Dresses The Fashion Design Resource

（美）特蕾西·菲茨杰拉德　艾莉森·泰勒　著

钱婧曦　丛小棠 译

东华大学出版社

·上海·

图书在版编目（CIP）数据

国际裙装款式设计1000例/（美）菲茨杰拉德著；钱婧曦，
丛小棠译—上海：东华大学出版社，2016.3
　　ISBN 978-7-5669-0954-1
　　I.①国…II.①菲…②泰…③钱…④丛…III.①裙子—服
装设计—世界—图集 IV.① TS941.717.8-64

中国版本图书馆 CIP 数据核字（2015）第 274748 号

本书简体中文版由英国Quarto Publishing Group授予东华大学出版
社有限公司独家出版，任何人或者单位不得转载、复制，违者必究！

合同登记号：09-2014-983

责任编辑　谢　未

装帧设计　王　丽　鲁晓贝

国际裙装款式设计 1000 例
Guoji qunzhuang Kuanshi sheji 1000 li

著　者：（美）特蕾西·菲茨杰拉德　艾莉森·泰勒

译　者：钱婧曦　丛小棠

出　版：东华大学出版社

（上海市延安西路 1882 号　邮政编码：200051）

出版社网址：http://www.dhupress.net

天猫旗舰店：http://dhdx.tmall.com

营销中心：021-62193056　62373056　62379558

印　刷：上海利丰雅高印刷有限公司

开　本：889 mm×1194 mm　1/16

印　张：17.75

字　数：625 千字

版　次：2016 年 3 月第 1 版

印　次：2016 年 3 月第 1 次印刷

书　号：ISBN 978-7-5669-0954-1/TS·664

定　价：89.00 元

目录

前言

　　无论是服装设计专业的学生，还是服装设计从业人员，或者是任何希冀从事与服装设计有关的人士，本书都是一本极好的参考资料。裙装设计是服装设计的一个主要内容。本书在每个细分目录开始之前都回顾了裙装的不同文化、历史背景，之后介绍了各个历史时期至当代出现的代表性廓型。读者可以按顺序浏览各章目录及子目录内容，也可以按照阅读需求来进行选择。无论读者选择于何处展开阅读，都可以饱览裙装设计领域的大量信息，这其中包括设计灵感来源、面料知识、细节设计、季节变换对设计的影响、服装造型、设计美学以及其他各领域的信息。每个章节的内容都提供了历史文化背景中的着装实例以及大量具有代表性的廓型及设计案例。本书完整地诠释了裙装设计的多样性及其永恒的美学价值。

　　想要在当今竞争激烈、发展迅速的服装行业中获得成功，学生及专业人士必须掌握丰富的专业知识和技能。本书在这一方面可以成为一个指南，通过帮助读者深入理解服装设计的内涵，开发并提升其独特的设计创意理念。

史蒂文·费尔姆（Steven faerm）

帕森斯设计学院

时装设计专业副教授

关于本书

　　本书可为服装设计师、服装造型师、时尚买手、服装及纺织品设计专业学生、裁缝以及所有对时装行业及其创意过程感兴趣的人士提供必创意设计必不可少的灵感资讯和参考素材。本书就像一本创意手册，可以作为塑造你独特的裙装设计风格的基石。

　　本书的每一章都着重讲解了一种裙装类型，并将其置于时尚和社会背景之下进行阐述，同时列举了具有典型设计特征的裙装款式。这一裙装类型又细分为不同的款式变化，如外套式连衣裙包含西装外套式连衣裙、家居袍、叠襟式连衣裙和斗篷等类型。每一个类型都附有大量的精美图片。

本书结构体例

细分目录

　　细分目录中列举了大量的精美裙装设计案例，可为读者提供各种裙装设计的图片比对，增进理解并启发创意和设计思维。每一个款式都有详细的文字说明进行分析和描述，阐释了其独特的设计内涵。

设计背景

介绍每个裙装款式的时候都会附有其相关的历史信息：裁剪方法的演变、重要的历史事件、设计师等，或者对裙装本身进行讨论。

经典裙装的历史图片

右侧的页眉显示出本章的内容

设计要点

裙装设计中的要素，如廓型、裙长、面料、扣合件、领口线、袖子、衬里、其他细节和造型等都在这里进行阐释，简单标注的插图显示出裙子的结构。

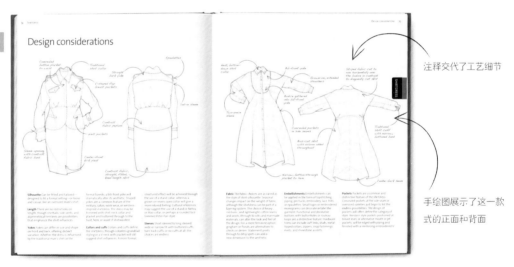

注释交代了工艺细节

手绘图展示了这一款式的正面和背面

放大的图片近距离地展示出服装的设计细节

手绘图列出了其他可能的设计细节

精美的彩图

每个款式都配有文字说明及设计分析

列出了款式的主要特征

以本书作为廓型、面料和
设计细节的灵感来源

创作情绪版来传达你的设
计灵感和理念

设计的一般过程

设计过程以调研、试验与创新为中心，与分析和拓展方法相结合。试验、直觉与可能出现的错误是设计过程中的一部分。品味、美学观念、时尚潮流、穿着者以及为何穿用都会在此进行讨论。了解消费者和消费市场对于在创造力、可穿性、创新性和商业之间取得平衡是至关重要的。

想要创作一个时装系列，需要拥有扎实的设计实践基础，并对服装的结构和制作过程有所了解。你还需要与购买服装的消费者进行有效的沟通。这一过程源于你的灵感（灵感建立在设计主题、灵感缪斯和特定的潮流之上），并发展为描述品牌的创意故事。了解其他设计师在过去获得了哪些成功，以及探索各种可能性是推动你开展设计过程的重要环节。

本书包含了大量丰富的裙装造型来帮助你开展设计过程。通俗易懂的文字内容讨论了款式、形式、剪裁、比例和结构等设计要素，并附有信息丰富的插图加以

解释。本书各章节分类清晰明了，便于读者对设计和工艺方面的知识进行理解与掌握。

以本书作为灵感来源和设计起点，你可以专注于某种裙装的设计研究，也可以将其与其他裙装款式细节进行混搭设计。重新设计领口线、改变裙长或增添份量感可使造型焕然一新。运用不同的面料也可以改变其美学特征，例如可将日装裙变为晚装款式。

本书为你独特的时尚见解提供出发点，帮助你探索设计中的无限可能。你可以将其作为资料库辅助你进行设计。

消费者： 对你将要装扮的人群有所了解。谁是你的消费者？她从事什么职业以及为什么需要你的服装？运用本书帮助你定位消费者的需求，并由此激发你的灵感。

缪斯： 缪斯是你将为之设计服装的理想人物。她将会穿用你的设计，她可以是名人、潮流先锋，拥有姣好的身形。这

将为你提供设计的焦点，你和你的消费者都将由缪斯获得灵感。

市场调研： 调查你的市场竞争者做了哪些工作，避免重复提供已有的商品，并可以预测出市场需要哪些商品。本书列举了不同设计师和时装品类中的裙装款式。

灵感： 收集各种来源的灵感信息作为设计过程的起点。运用本书，并结合网络、杂志、书籍、展览和电影等资源，收集与你的主题、消费者、缪斯和市场契合的相关图片资料。你拍摄的照片、绘图、面料小样、古董服装、搜集的物品等都可为创意提供良好的基础。参看第9页其他灵感来源列表。

面料收集： 搜集那些适合你的时装系列，并能最好地诠释出设计主题的面料小样。在最初的阶段，这些可能只是作为色彩参考。你可能需要用这些面料制作缝口或口袋的样品，以便了解面料的特性并由此塑造出你想要的款式风

运用设计草图拓展设计创意，并检查可能存在的问题

最终的设计稿用于向消费者传达创意

格。本书将帮助你了解哪些面料适用于这些裙装款式和廓型。

色彩：选择适合你的时装系列、并与你所创造的故事和氛围相契合的色系。你可能需要咨询流行色公司帮助你预测某一季的流行趋势。色系可以通过调研的方式获得，例如研究天然面料或古老的织物。利用国际标准色卡来展示你选择的色彩。浏览本书可帮助你了解其他设计师是如何运用色彩表达创意的。

情绪板：制作情绪板将为你的创意设定场景。收集面料、杂志内页、照片、明信片等一切适合你的设计主题，并能够启发设计灵感的资料。情绪板是良好的沟通形式，可以让设计团队在理念上保持一致。

草图：为发展和表达设计理念，草图是设计过程中的重要环节。草图可用于记录最初的调研灵感，发展设计理念，以及创作服装廓型和细节草图。最终的效果图可以向消费者表现你的时装系列。

设计开发：决定哪些草图效果最佳，并将其整理、完善；去掉那些效果不佳的设计元素。面料、色彩和版型之间的平衡都需要着重考虑。后整理、扣合件和装饰等必须起到相应的作用，美学上的平衡感也要考虑在内。

最终整合：时装系列必须具有整体性，因此，最终整合将优先考虑整个系列，并将服装进行排列，使整个系列既统一又有变化。

款式图：绘制平面图显示服装的正面、背面、复杂的侧面视图以及口袋等细节设计。款式图将体现服装的结构细节、后整理的要求以及最终选定的面料。这些详细的说明将给出准确的尺寸要求，帮助你制作坯样，并在投入生产时将以上信息整理发送给制造商。

制作坯样：以白棉布或平纹细布制作坯样，以款式图所标注的尺寸信息作为蓝本，将平面设计图转化为立体的服装。从缝制的角度分析和审视服装整体

的轮廓和细节设计。坯样需经过试穿检验合体性以及活动松量。在以实际面料进行样衣制作之前，所有的调整都将在这一阶段完成。

最终的样衣：样衣以选定的面料、扣合件和辅料进行裁剪和制作。制作而成的样衣将为时装秀、时装拍摄和订货会做好准备。

其他灵感来源
☑ 历史服装
☑ 时装秀
☑ 街头时尚
☑ 美术
☑ 流行文化
☑ 手工艺
☑ 其他文化
☑ 自然
☑ 科技

日装裙（DAY DRESS）

作为女性衣橱中的基本款式，日装裙可以作为闲暇时的舒适着装，也可作为正式着装穿用于会议等需彰显身份的社交场合。日装裙有多种设计形式，体现出不同的功能性。

插肩袖连接的肩带强调了斜向线条。运用丝缎的正反面获得材质上的对比效果。

设计背景

这件由克里斯汀·迪奥设计的日装裙优雅而低调，方形的领口线展现了女性的锁骨和颈部。曲线造型的后颈线条与短而半合体的袖子相连。颈部线条同时也衬托出了帽子的比例。

20世纪代早期，保罗·波烈（PAUL POIRET）受到自然的女性形态的启发，塑造了创新性的垂坠廓型，放弃了裁剪和纸样设计。这些为20世纪20年代服装款式的变革开辟了道路，在这一时期，女性的身体因为日装裙的廓型而得以解放，这种廓型通过降低腰线拉长了身体的比例。到了30年代，由于女性生活更加丰富，日装裙也变得更加实用，典型的例子当属香奈尔（CHANEL）设计出了具有运动风格、易于穿着的毛织运动衫。二战时期的紧缩政策导致了面料的短缺。由于当时羊毛用来制作制服，丝绸用来制作降落伞，人造面料，如黏胶及合成平纹织物，曾一度取代了奢华面料。出于经济及成本的原因，朴素的服装款式被裁剪得更瘦，更短。二战结束之后，普通女性获得了走出家门寻找工作的机会，日装裙适应了她们的新角色，成衣的生产使服装的价格变得更低也更容易买到，女性从此得以与时尚潮流保持同步。

1947年，迪奥发布了他的"新风貌"系列，其富有魅力的收腰设计和裙摆受到女性的追捧。现代化的厨房用具使女性得以摆脱家务的束缚，赢得了在职场中争取职位晋升的时间。纪梵希（GIVENCHY）在1958年发布了他的布袋裙，将女性从沙漏形的体态中解放出来，为60年代迷你裙的出现开辟了道路。70年的服装廓型开始变得柔软而修长，演变成中长裙和长裙。罗兰·爱思（LAURA ASHLEY）、比尔·吉布（BILL GIBB）和派瑞·艾力斯（PERRY ELLIS）先后推出了更为民族化、浪漫的服装款式；奥希·克拉克（OSSIE CLARK）还在此基础上运用了印花面料。80年代具有垫肩设计的着装风格极具力量感，集中体现了那个年代人们对地位与成功的追求，这种风格也体现在正式及办公场合穿用的日装裙上。

名模苏茜·帕克（Suzy Parkers）身着这件合身剪裁的白色亚麻裙，器宇轩昂。设计新颖的领口线将视线吸引至她美丽的锁骨和柔软的溜肩，与裙装搭配的腰带更是凸显了她的小蛮腰。

设计要点

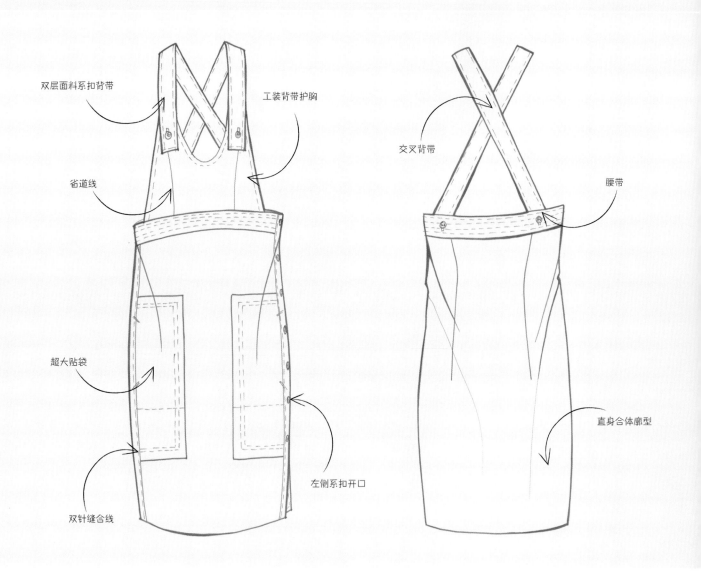

双层面料系扣背带

工装背带护胸

省道线

交叉背带

腰带

超大贴袋

直身合体廓型

双针缝合线

左侧系扣开口

多样性： 日装裙用于在白天穿着，尽管如此，它仍可以展现出多样性，这取决于穿着的场合，日装裙甚至可以超越晚装的限制。作为休闲装的替代款式，日装裙是一件轻松随意、易于穿着的单品。无袖连衣裙可以与衬衫或针织衫搭配作为休闲的非正式着装。对面料、裙长、领口、廓型及袖子式样的设计决定了日装裙的风格特征。

款式： 日装裙的款式众多，这也意味总有一款适用于穿着者需要出席的场合。正式日装裙款可以在工作场合穿着，并带来比职业装更为女性化的造型风格。通常与短外套相搭配，正式场合的日装裙款可与针织开衫和配饰搭配，适于在夜晚娱乐时穿用。

廓型： 强调修身效果，上半身合体、裙摆展开的廓型与外衣搭配效果良好，适合休闲及正式场合穿用的款式。在休闲及半正式场合中，裙装廓型则要体现舒适性，无须强调结构和修身效果。

裙长： 裙长也许是日装裙最为明显的标识，通常情况下，日装裙长长及膝盖，这样可以方便搭配平底鞋、高跟鞋及长

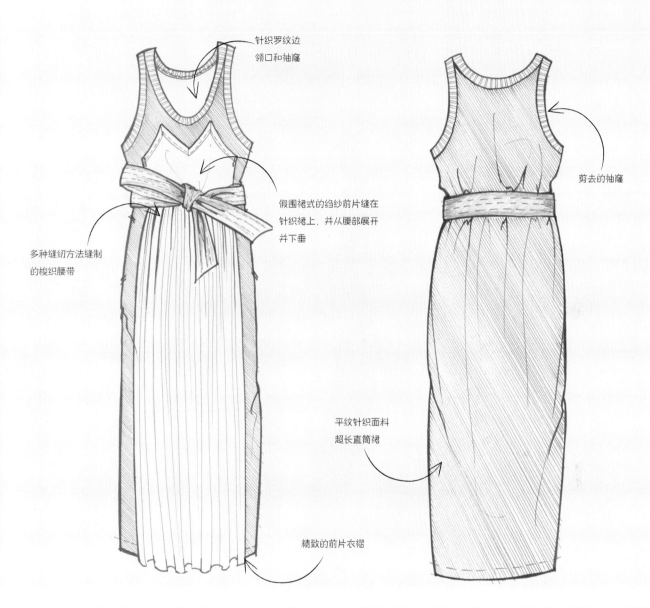

针织罗纹边
领口和袖窿

剪去的袖窿

假围裙式的绉纱前片缝在
针织裙上，并从腰部展开
并下垂

多种缝纫方法缝制
的梭织腰带

平纹针织面料
超长直筒裙

精致的前片衣褶

靴。尽管如此，日装裙并没有规定的设计长度，从及踝长裙到迷你裙，变化多种多样。

面料：弹性纤维合成面料以及新型混合型面料为我们提供了免熨烫并且不易起皱的服装，这对于忙于工作的女性尤其有帮助，这样的服装也特别适合旅行。棉毛质地的针织运动面料易于身体的活动，更加适合在居家和周末时穿着。

扣合件：丰富的可供选择的扣合件使服装造型和细节的多样性成为可能。异色的缝纫线，多样的缝纫方法和细节设计，异色的滚边还可为设计者提供设计的乐趣。扣合件和五金件可以成为休闲裙装的显著特征，如金属或塑料质感的拉链和拉环。搭扣、背带、铆钉、孔眼和按扣体现了工装的设计特征，在围裙装和罩衫中很

常见。口袋体现了功能性和方便使用的需求，可以隐藏在服装的缝口里，也可以设计得更具装饰效果。

正装裙

每个女人都应该拥有一条精致的连衣裙，低调或实用，可以毫不费力地帮助穿着者塑造个人形象。这条裙子体现了优雅的美学特征，可以在面试及商务场合穿用。采用梭织面料塑造半紧身的结构和精良的裁剪风格，或者使用柔软垂坠的面料呈现展开的裙摆，正装裙传递出强烈的信息——权威、能力和魅力。较少的结构线条和中性的色调，以及有趣而微妙的细节设计同时体现了女性特质和商务风格。

现代混纺型免烫面料是理想的选择，它可以使正装裙耐穿且不易起皱，在工作时仍可保持时髦的形象。

与外套或大衣搭配穿着，正装裙可以是短袖或者无袖，尽管长袖或七分袖看起来更适合工作环境。正装裙的礼节性意味着它应恰好长及膝盖，或者长及小腿肚。当然，在合理范围内的更短的裙长也被年轻消费者接受。领口线通常采用圆形领等简单的设计，很少暴露乳沟。垫肩和强有力的肩部线条效仿了20世纪80年代充满权威感的着装风格，从而形成了男性化的廓型外观。

典型特征

- ☑ 精致而整齐，功能性的设计
- ☑ 半紧身设计，剪裁精良/硬挺
- ☑ 极少的款式线和中性的色调
- ☑ 易于穿着，耐穿而实用

两侧黑色衣片分割使身形显得漂亮，而中间垂直的白色衣片使体形看上去被拉长，廓型更加苗条纤瘦。领部设计了简单的门襟开口。

领部和袖子还可以设计为：漏斗领和短袖。

简单的无袖圆领设计，长度及膝的紧身裙装。衣服前后中心线的结构非常适合大胆的单色动物印花图案。

1.盖肩袖小V领日装裙，在紧身铅笔裙外设计了郁金香形的装饰短裙。2.合身的盖肩袖连衣裙。小方形领口线呼应了具有棱角的剪裁特征以及臀部的立体细节。3.方形领口半紧身裙，立领设计得稍微偏离颈部。开及腰部的省道和胸围线塑造了裙子的造型及合体性。4.纯白底色上的黑色水平和垂直衣片为这条半紧身欧普艺术风格的连衣裙带来了图案的对称感。5.一字领围裙式连衣裙，前面沙漏型的衣片强调了身体的曲线。6.船形领精纺羊毛连衣裙。胸点以上为合体设计，以下连接了圆型剪裁的宽摆裙。7.长及肘部的马扎尔袖，简洁的圆形领口，束紧的腰部——这件日装裙的剪裁尽可能地减少了底边的外扩。8.富于流动感和丝绸光泽的针织面料连衣裙，腰线以上为蓬松设计。紧身的长袖和裙子与上半身形成了视觉上的对比，起到了强调身形的效果。

>白色几何图形和挖剪处理的透明织物是这条裙子的点睛之笔。在另一方面，简洁的一字领，直筒袖和半紧身设计让整体风格既女性化又富于运动感。

领口、袖子和衣片结构还可以设计为：U形领和盖肩袖。

一字领半紧身连衣裙，插肩袖设计，翻折式宽袖口前短后长，在背面形成披风效果。服装整体的简洁廓型使具有趣味性的袖子设计成为焦点。

领口、袖窿和
袖子还可以设计
为：方形领口插肩
短袖。

　　水手领立领紧身裙。加大的袖山头形成了宽肩线，同时塑造了强有力的廓型。垫肩的运用强调了造型，袖子逐渐变窄，使三角形的轮廓得到加强，并帮助塑造了腰身。

　　及膝紧身小黑裙，装饰性的腰带运用了对比材质的素缎并强调了腰身。硬朗的轮廓塑造了肩部的外形和领口线，打破了裙装的拘谨。

　　黑色面料上的白色线条好像在垂直和水平方向上对裙装的前中和腰部进行了分割。圆形的领口和袖窿设计有贴边，塑造了简洁的外形。裙长刚好及膝并有衬里，臀部的口袋线条与腰线相呼应，再次呈现了单一色调的设计效果。

>对不同质感的白色梭织面料衣片的运用创造了份量感上的对比效果。长肩带在脖子的边缘形成了吊带领；异料的镶边装饰了袖窿。前中深开的领口强调了鸡心领口的线条。

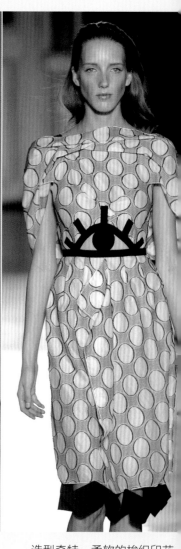

造型奇特、柔软的梭织印花裙，裙子的上半身和袖子为一体式的裁剪。颈部边缘和肩部添加的横向衣褶带来了合体性并塑造了袖头。袖子的褶边形成后，剪去前面的部分，让后面的面料自然下垂。与女性化的款式不同，这条裙子的重点是一个醒目的眼睛造型的镂空贴花装饰。这个装饰也呼应了裙子底部异色面料的饰边。

展露身材的造型，圆形领口和袖窿的贴边也很简洁，这条连衣裙可以完美地在各种场合穿用。底边侧面的开衩打破了黑色的单调乏味之感，塑造了性感并且精致的美学感受，非常适合搭配各种配饰。

这件长袖及膝连衣裙塑造出了修长、简洁而精干的造型。加入垫肩的方形肩线给人以男性化的印象，而胸部挖剪掉的钥匙形领口和鸡心形领线又使其柔和而有女人味。尽管展现了部分肌肤，整件裙装仍然显得庄重，并保留了一份正式之感。

有力的廓型，曲线形裁剪的七分袖，郁金香形及膝裙，荡领。皮质腰带为纯色面料增添了趣味。这件裙子设计中的所有元素都运用了夸张的曲线形缝口并突出了领口的衣褶。

领口和袖子还可以设计为：低垂褶领和盖肩袖。

1.异色的衣片和视觉效果突出的前中缝线强调了这条V领连衣裙的对称美感。2.有着帝国式上衣和铅笔裙设计的紧身连衣裙。紧身上衣的褶皱形成了胸褶。3.延长的肩线创造出V字廓型，及膝A字裙摆与上衣相对应。前中的黑色条纹、覆肩和口袋强调了造型。4.夸张的郁金香形裙子由多层激光裁剪的面料组合而成，这些面料缝制在底裙上，塑造出一种三维立体效果。5.塔巴德式无袖连衣裙，肩部系扣。6.裙子的层次感模仿了分体式的服装。棉质的外层面料在侧缝处打褶，并由腰带系紧。7.上衣和底部为浸染效果的丝质筒裙。领口的设计看上去几乎要从肩膀滑落。8.这件低调的紧身裙的设计趣味在于深U形领口和盖肩袖的设计。

马扎尔袖是这条裙子的焦点，同面料的横裥插入袖子的缝口，并从肘部一直延续到前中领口，形成了立领，让袖子的形状更加曲线化，塑造了夸张的鸡心形效果。袖口和腋下袖片为同一面料并构成了裙子的侧面造型。

这条连衣裙包裹身形，胸省处的褶裥设计强调了曲线并塑造了更加柔和的外观。茄紫色乳胶紧身育克，与裙身形成了强烈的对比，并带来了意外的现代感。

领口和袖子还可以设计为：V领插肩短袖。

极简主义风格连衣裙，厚重的公主缎面料增添了正式的美感。上衣前中的装饰性刺绣及贴缝花朵图案的灵感来源于日本艺妓。高腰线、七分袖和领口的设计延续了有力的、女性化但却有些清教徒式的风格。

围裙装

围裙在日常穿着时是用来保护里层服装的，围裙装由此演变而来。这种无袖连衣裙常穿着于衬衫和毛衣之外。

与围裙相反，围裙装的系扣和拉链通常位于裙子的背面，也可以设计在肩部，或者从裙子正面的领口至底边开口并设计拉链。围裙装穿着于其他服装之外，可与女式衬衫搭配，也可设计成连帽款式。为了方便穿着，围裙装通常会设计有侧面拉链，或者两侧对称的腋下开衩和系扣。领口线设计得较低，以便露出内层搭配的衬衫或毛衣，领形通常有V领、圆领、鸡心领等。

由于围裙带有工装和保护服装的含义，相应地，围裙装也设计有口袋，这些口袋或缝于衣服的正面，或隐缝在侧缝里。里料的运用是必要的，但一些有育克的围裙装会设计成无衬里的裙子。

宽肩设计向下延伸构成紧身上衣，塑造了低开的领口。紧身上衣与胸部以下的低腰育克连接。A字裙塑造了裙摆，左侧设计有裙褶。透明的蝉翼纱衬裙与纯色面料形成对比。

造型独特的腰部运用了皮质拼条，将视线吸引至连接裙子的金属链条上，整体为系颈造型。裙子的底边为曲线形，同料饰边自然下垂，与腰部造型和金属链条相呼应。

典型特征
☑ 从围裙演变而来
☑ 穿于其他服装之外
☑ 无袖
☑ 展示里层服装

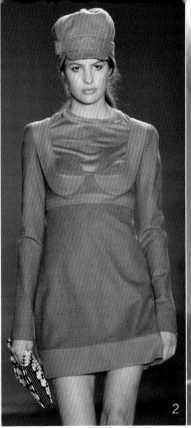
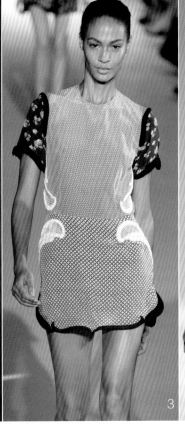

　　1.衬衫式围裙装带来了运动感。多彩的亚麻面料色块被有力的黑色线条所勾勒，体现出传统围裙的造型。**2.**胸围线以下裁剪成围裙装，一体式的文胸缝合在裙子上并构成了肩带。**3.**嵌入的网纱面料被三维立体的镶条刺绣所勾勒。裙子的面料和造型的组合带来运动感。**4.**有肩带的梯形围裙装从胸部镶边开始打褶。底摆的镶边使衣褶散开，增加了量感。**5.**不对称的上衣造型，两种不同的盖肩袖设计，柔软的A字形裙摆，合体的腰线。**6.**60年代风格、用色简洁的围裙装，圆形剪裁的袖窿造型由肩部延伸至臀围线。**7.**圆形领口，深挖的袖窿。繁复的装饰让服装造型显得更加柔和，黑色裙子与白色内搭服装形成对比。**8.**这件上半身合体的无袖裙子有着夸张的信封式领口，平衡了及膝裙摆的单调感。

罩衫裙

从大萧条时期的着装风格到二战时期的军旅女装，罩衫裙经历了不断演化的过程。风格上有着背带式工装裤、牛仔工装等传统细节，最初是为了保持里层着装的整洁，如今的罩衫裙沿袭了耐穿服装的特点，创造了一种休闲的风格特征。从20世纪60年代开始，不同的色彩和图案开始运用到罩衫裙的设计当中。裙摆收紧并于背面开衩，方便活动，长度通常不会超过膝盖，以呈现年轻感。

工装裤时装潮流于20世纪70年代后半期，在美国青年文化中达到顶峰，90年代末这一潮流得以被重新演绎。拉夫·劳伦（Ralph Lauren）采纳了这一流行趋势并在很多年间重复不断地发掘和演绎了工装风格。

在传统意义上，这种风格的裙装设计有5个口袋以及用于扣紧护胸的过肩背带。用铆钉系紧的侧面开口强调其功能性。牛仔风格的缝口和明线设计是普遍的特征。采用的面料有牛仔布、灯芯绒和斜纹棉布。砂洗技术给服装带来仿旧的效果，另外，喷砂、褶皱、石洗等方法也被采用。染色和漂白技术的应用更增添了仿旧感。

罩衫裙通常与T恤和棉质上衣搭配穿着，亦可与更加女性化的衬衫组合来呈现游牧风格。

高光感、似纸薄，这条塑料材质的裙装为低腰超短连衣裙设计，深V领，肩带上有工装风格的金属扣合件。裙摆从腰部缝口展开，为这种另类的面料带来更加柔和、女性化的观感。

上半身系扣的宽肩带成为该设计的视觉焦点，并塑造出深凹的U形领口。宽松的直线剪裁的裙子易于穿着，色块的运用凸显出身材的比例。异色的大口袋营造出非正式、不对称的美感。

典型特征
☑ 由牛仔工装演变而来
☑ 护胸、肩带、侧面开口
☑ 坚实耐穿、休闲风格

1.灯芯绒低腰带工装裙，A形裙摆后中有系扣，护胸设计有宽背带，背带系扣设计于腰带后面。2.这件超短连衣裙设计来源于一件解构的衬衫。去掉了衬衫的主体部分，只留下袖子的下半部分、领子和口袋。3.交叉背带连接至裙腰，折纸风格的衣褶包覆裙身并带来体量感。4.带有棱角的宽肩带在视觉上强调了肩部。5.裙子的上半身没有特别的造型，塑造了中性的风格，但是纽扣、镶边和图案带来了更多女性化的美感。6.有织纹的肩带强调了印花的精美并将视线吸引至肩部。7.精致的双色肩带衬托了文胸，是炎热夏日的必备单品。8.工装裤背带扣连接裙子的上衣。倒置的V形嵌条衬托了腰线，腰线以下为异色面料的裙子。

围裹裙

20世纪70年代，美国设计师黛安·冯芙丝汀宝（Diane Von Fustenberg）使围裹裙变得流行，时至今日，DvF品牌仍将围裹裙设计演绎出不同的款式。尽管被归类为一种休闲且偏长的日装裙，甚至与家居服装联系在一起，围裹裙还可以被归类为土耳其长袍风格的服装。倍受青睐的造型适合沙漏型身材，裙子设计得贴合腰部，而后包裹臀部并于底边展开。

针织或弹性织物为围裹裙带来了流动的衣褶，绉纱或含有氨纶的梭织面料也具备同样的效果。在传统意义上，围裹裙是没有纽扣或拉链的，内层的服装先系在右侧缝处，围裹后系于左侧。有时带子通过左侧孔眼绕过身体系在前面。这是一种简单别致的服装风格，无论是白天或是夜晚，在任何场合都适用。

袖子的设计通常贴合身体，从而呼应了上半身合体的廓型，此外也可以选择无袖和盖肩袖设计。运用宽大的袖窿造型以及稍短的翻折袖可塑造出更加休闲的风格。围裹裙通常都会设计V形领，其深度取决于裙子前衣片的叠合位置。

围裹裙最适合采用及膝的裙长，但有时也会稍夸张地长及小腿肚。及踝长裙可以将这种风格转化为晚装，此时对面料的选择将改变服装的外观，使其由低调精致转变为华丽盛装。

对色块的有效运用强调了这款简洁的围裹裙。无袖的宽肩造型，上半身较宽，衣片围裹至低腰线并塑造了深V领。简洁的合身迷你裙呼应了整体造型的现代感。

柔软的针织围裹裙于右侧臀部系带，左侧设计了暗扣。前衣片覆盖了扣眼，为下半身长及小腿肚的裙摆塑造了流线形的外观。

典型特征
☑ 前衣片围裹后于另一侧系带或系扣
☑ V形领口
☑ 面料塑造富于流动感的衣褶

1.20世纪20年代风格的透明真丝雪纺围裹裙，和服式袖子。**2.**迷人的前衣身围裹超短连衣裙，年轻而富于新鲜感的外观掩饰了其灵感源于复古风格。**3.**迷你裙长，宽松系颈V领太阳裙。臀部的系带在衣身塑造出柔软的衣褶。**4.**具有金箔质感印花的丝绸面料为裙子带来柔软而富于流动感的衣褶。解构的服装细节，如包缝的边缘和腋下的开口，都体现了内衣的设计风格。**5.**这件丝绸连衣裙的围裹衣带塑造了衣褶和廓型。圆形剪裁并散开的袖子呼应了底边柔软的衣褶。**6.**两种不同印花面料的衣片围裹身体并于臀部系紧，塑造出低V领。**7.**围裹的衣片系于有双排扣设计的低腰带处。合体的腰带和柔软的裙子与马扎尔袖设计形成对比。**8.**贝壳形边缘的深V领为一条普通的裙子增添了细节和装饰。

>这件围裹裙前衣身到侧面为一体式裁剪，没有肩部缝口，裙子自颈部周围悬垂并于背部形成挂帽领。前身围裹衣片于系带处打褶，并于左侧缝处系紧，增添了垂坠感。

还可以设计为：插肩式袖窿搭配蝴蝶袖。

由质地上乘的棉方巾构成的围裹裙塑造出一种层叠的设果，使其土耳其长衫式的宽松更加适合在夏季穿着。方巾造细带在肩部和袖口固定，袖子部敞开，裸露出肩膀和上臂。身围裹形成V形领口，同料的腰调了腰身。

具有和服风格的不对称围裹裙。夸张的造型使大面积的印花成为可能。长方形前衣片的边缘塑造出斜向的底边。

优雅的前衣身围裹裙，长度刚好过膝盖。面料自身的悬垂效果形成了富有层次感的短袖。围裹构成了深开的V领，并与强调腰线的腰带形成对比。风格化的郁金香图案与大片的背景色的运用为服装增添了现代感。

梭织的格子棉布制成休闲的围裙式裙装。上半身为斜向剪裁，多余的面料在肩缝和袖窿边缘形成衣褶。其余的面料在腰部交叉围裹，延伸之后构成环形。裙子连接腰部育克并在臀部打褶。

还可以设计为：长及肘部的连肩袖搭配不对称的翻折领。

紧身大摆裙

紧身大摆日装裙是一种女性化的、漂亮并稍显挑逗的时装款式，它的上衣和腰部为紧身设计，裙摆自臀围线逐渐展开，并在底边形成大摆。受到A字裙造型的影响，紧身大摆裙的裙摆在身体四周呈现出均匀的分布形态，塑造出更加柔和的廓型。这种造型强调了腰部，使身材显得更加漂亮，在日常及特殊场合都可穿用。

吸取了最新的印花图案和服装细节的设计，紧身大摆裙可以被轻易地转换为最新的时装潮流，并且每一季都不断地被设计师们重新设计和采纳。款式变化的多样取决于设计灵感的来源，领形有V形领、U形领、马蹄形领以及翻领。裙长的变化有迷你裙、及膝裙和长裙等。通常情况下会设计前系扣或隐形侧拉链，扣合的方式有多种设计选择。

具有悬垂感的柔软的梭织面料最适合制作这种裙子，这样的面料可以为逐渐展开的裙摆保持廓型，而厚重的面料会塑造出视觉效果更加强烈的造型。

印花依据连衣裙的造型而设计，模拟出前中的育克，强调了腰部和裙摆的底边。上衣的省道隐藏在印花里，塑造出紧身的效果，两边的裙褶塑造了A字形的裙摆。

对单一色调的针织条纹面料的运用充满了戏剧化的设计效果，塑造出前卫的廓型。裙摆的量感和宽度的增加改变了条纹的方向，不规则的底边在两侧下垂。纯色的方形领口体现出结构感。

典型特征
☑ 合体或紧身的上衣设计
☑ 裙子从臀围线开始展开
☑ 各种裙长、领口线及细节设计

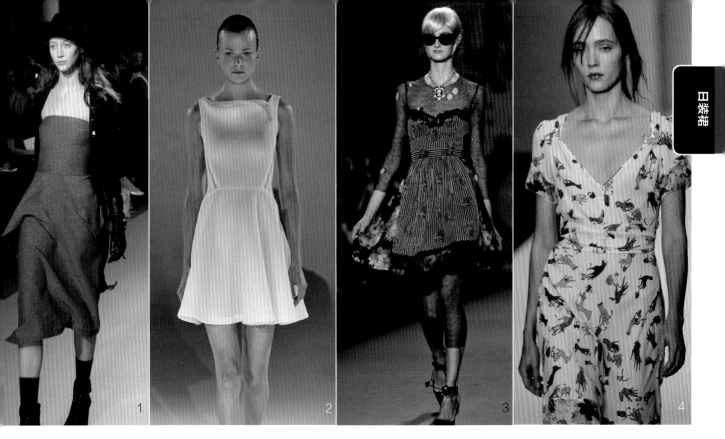

1.由轻薄的梭织面料制成，长及小腿肚的无肩带连衣裙。紧身的上衣和裙子分开裁剪，都采用了斜向裁剪的方法以获得弹力和摆度。2.明黄色的领口细节和上衣镶嵌为这件简洁的紧身大摆裙增添了趣味。3.充满情调的无袖紧身大摆太阳裙，

一体式的围裙设计采用了具有对比效果的条纹和印花面料。4.心形领口线，合体的腰部和裙摆塑造出漂亮而有女人味的造型。5.在传统的装袖之上设计出夸张的肩部造型，其向上延伸，超越了自然的肩线并在背部形成立领，正面为较开放的领

口。6.可爱的紧身大摆裙搭配有衬裙，腰带的设计塑造出20世纪50年代的廓型。7.上衣的设计给人无肩带连衣裙的印象，但衬衫领的设计使其亦适合日常穿着。8.繁复的刺绣以及图案的造型共同塑造了合体的胸部、腰部和裙摆。

紧身裙

紧身日装裙代表了女性的力量和权威。这种视觉效果强烈的时装款式可衬托身体的轮廓，塑造出沙漏型的身材，突显了胸腰和臀部曲线。紧身裙来源于20世纪50年代的一种包裹身体的修身长裙，其复杂的结构塑造出简洁的外观。现代的紧身裙巧妙地通过款式的线条和裁片的形状来达到修身塑型的效果，突出曲线、隐藏缺陷，使身材更完美。面料通常采用中等厚度和厚重的梭织面料，面料的弹性可为裙子带来更好的贴合度和舒适性。款式线和裁片可采用异色滚边加以强调，突出服装的运动感，色块的运用可使款式显得更年轻。

紧身裙可以给穿着者带来信心和力量，多样化的风格使其成为日常办公服装的理想选择，颜色有黑色、灰色以及更加柔和的色调。修身的廓型是其突出的特点，而领形、袖子和裙长的变化则受到设计灵感的影响。露出前胸的方形领是不错的选择，可以搭配较短的盖肩袖，有趣的袖子设计可使整体造型显得柔和。裙长及膝或在膝盖上下效果最佳。

包裹身形、长及脚踝的连衣裙带来具有延伸感的直筒形外观，裙摆前中开衩开至大腿。与衣身分开的裁片经过扭转之后缝于两侧侧缝，在腹部形成了装饰性的褶皱效果。

包裹身体的紧身连衣裙。侧面的开衩设计方便活动，并露出腿部。斜向的白色抽象印花打破了裙身黑色的单一感。镂空、网纱与印花面料有机结合，性感而优雅。

典型特征
☑ 紧身的沙漏型轮廓
☑ 款式线和裁片使身材更完美
☑ 有弹力的梭织面料

　　1.剪去的插肩造型的袖窿和圆领创造了运动感。从袖窿开至腰部的曲线形的省道塑造出强调上半身轮廓的结构线。2.强调身材轮廓的服装裁片装饰有荧光黄的饰边。从衣身到背部的曲线形的衣片结构避免了侧面的缝合。3.异色及网状印花的面料构成了这件迷你连衣裙的裁片和饰边。4.纯黑色连衣裙装饰有黑白相间和彩虹色的款式线。5.皮革滚边装饰了肩部、袖窿和与船形领口呼应的衣身接缝。6.横条状的扎染面料包裹身体，纵向针织面料的绳结缝制在衣身上并形成了吊带领和肩带。7.多余的面料形成了裙褶。肩部重叠式的尖角造型与柔软的面料形成对比。8.分割式的衣片设计强调了身体的曲线。印花使款式线显得突出，肩部和大腿处的系带设计增添了趣味感。

直筒裙（SHIFT DRESS）

　　直筒裙变化多样，是衣橱中的主要款式，一年四季都有着多种不同的造型。直筒裙兼具中性和无龄感，可在休闲及正式场合穿着，在办公室和派对间可轻松转换。

白色短袖V领直筒裙。裙身的人字形图案造型如同一件太阳裙，从视觉效果上带来更加苗条的观感。

设计背景

无腰线直筒裙可以设计得精致而优雅，例如这件由纪梵希设计的白色亚麻束腰外衣和裙子，由奥黛丽·赫本穿着。

直筒裙的造型其运动功能性更佳，使穿着者活动起来更加方便。在另一方面，直筒裙还意味着时装文化和态度的转变，反映了20世纪20年代时装产生的根本性变化，从那时起，得到解放的女性开始渴望一种更加灵活的服装款式。20年代具有金属饰边的连衣短裙通过可可·香奈尔（Coco Chanel）革命性的设计得以变化和发展。无腰线直筒裙在50年代美国青年文化潮流中变得流行，而后演变为布袋裙出现在巴黎世家（Cristobal Balenciaga）

和纪梵希（Hubert de Givenchy）1957年的巴黎时装系列中。到了60年代，受到太空旅行、新兴科技和性解放运动的影响，直筒裙在玛丽·匡特（Mary Quant）、皮尔·卡丹（Pierre Cardin）、安德烈·库雷热（Andre Courreges）的设计中变得愈发流行。时尚偶像诸如杰奎琳·肯尼迪（Jackie Onassis）、奥黛丽·赫本（Audrey Hepburn）、崔姬（Twiggy）、简·诗琳普顿（Jean Shrimpton）都穿过著名的无腰线直筒裙。

　　这幅照片的氛围、场景和时装都带有典型的20世纪60年代特征。年轻女性们渴望能够展现自身活力的青春之美，与她们的母亲一辈在穿着上有所不同。这些色彩明艳、大胆、有图案装饰的直筒裙没有特别的造型设计，平坦的胸部和臀部塑造出少女式的身材。

设计要点

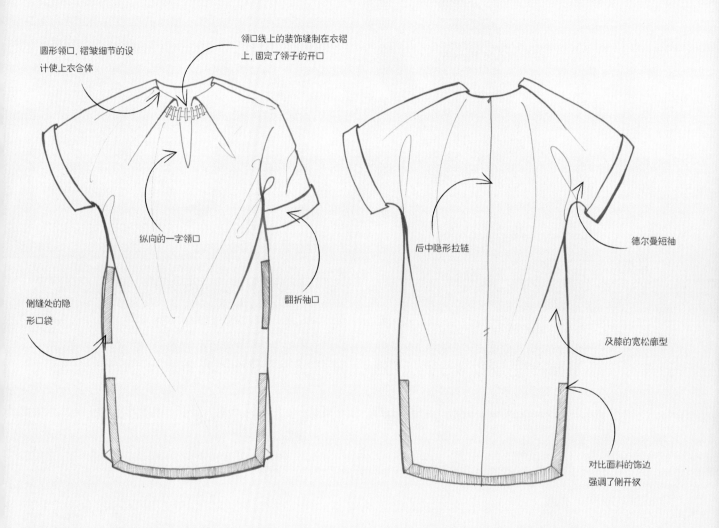

圆形领口, 褶皱细节的设计使上衣合体

领口线上的装饰缝制在衣褶上, 固定了领子的开口

纵向的一字领口

侧缝处的隐形口袋

翻折袖口

后中隐形拉链

德尔曼短袖

及膝的宽松廓型

对比面料的饰边强调了侧开衩

多样性: 直筒裙恒久经典的廓型变化多样。它适用于多种造型和尺码, 并且适合所有的年龄层。易于穿着的特性使其成为休闲装的理想样式。无腰线直筒裙可以超越日装和晚装的界限, 在正式和非正式场合皆可穿用, 还适合搭配时装配饰以及展示大面积的彩色印花图案。

廓型: 直筒裙的宽松、简洁的裁剪风格使其能够从肩部自然下垂, 也可以裁剪出前身和背部的育克。裙子的廓型可以是直筒或A字形, 方便身体活动。整体的造型通常会掩盖体态, 不强调腰部线条。如果是无袖设计, 直筒裙宽松的造型可以穿于针织衫或T恤之外。

裙长: 裙子的长度通常在膝盖之上, 有些为及膝或过膝长度。迷你裙长则能够集中地体现直筒连衣裙的风格。

袖子: 袖子多设计为无袖或短袖, 很少有超过七分袖的长度。袖窿可设计为普通装袖或插肩袖等多种变化, 袖山头也可以为服装造型提供设计的余地和可能性。

领口线: 典型的领口设计为小圆领或船形领, 还可以有多种领口变化, 例如V领。各种衣领, 如彼得潘领或尼赫鲁领, 也可以采用。

扣合件: 开口和扣合方式取决于直筒裙的设计, 比较常见的有侧面、后中和正

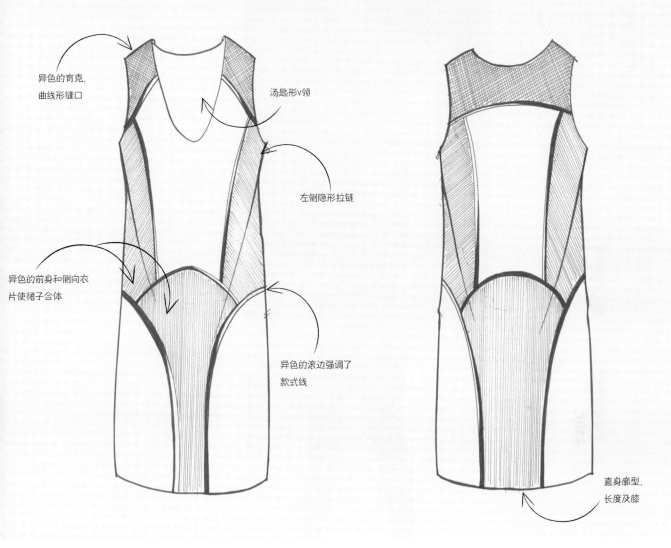

异色的育克,
曲线形缝口

汤匙形v领

左侧隐形拉链

异色的前身和侧向衣
片使裙子合体

异色的滚边强调了
款式线

直身廓型,
长度及膝

面拉链,还可以采用纽扣或按扣。

省道和缝口: 直筒裙通常需要在胸部设计省道来使其合体,这些省道也可以调整为款式线。除非设计上有其他思路,裙子还设计有侧缝。

面料: 面料的选择是这一款式设计的关键。直筒裙最好采用结构感强的梭织面料、厚重的针织面料或具有弹力的梭织面料,这样才能与身体保持一定的空间距离。面料因素的选择决定了连衣裙的用途,例如日装、工作装或晚装。尽管如此,直筒裙简洁的外观和多样的用途使其仍可以在不同场合中自由转换。

衬里: 直筒裙可以设计成有衬里或无衬里的款式,这取决于它的面料、穿用场合与季节。

细节: 由于其源于工装,传统的直筒裙是没有装饰的,但隐形口袋或贴袋等具有功能性的设计细节均可以采用。

直筒裙

尽管直筒裙代表了青年文化，因其造型可用于修饰和美化不同的体型，已被各个年龄层的女性接纳和选用。

面料的选择可以大大影响直筒裙的外观。纯白或黑色的面料可以如画布般地衬托出与之搭配的饰品。相应地，简洁的造型可以很好地展示出色彩丰富的印花图案。

简洁的裁剪风格使直筒裙能够宽松地下垂，无腰线的设计，在掩盖女性曲线的同时露出手臂和双腿。传统意义上的直筒裙是长度在膝盖以上的短裙，可以是无袖或短袖，通常为小圆领或船形领。裙长的变化可以重塑直筒裙青春俏皮的外形，使其显得更加成熟而精致。胸部通常开省道保持合体性，连衣裙多为直身和A字形，设计有侧缝。

作为正式的日装款式，中性风格的直筒裙是男性化裤装的理想替代品，搭配短外衣更具权威感。直筒连衣裙可以在办公室穿着，也可以参加夜晚的派对，改良风格后更具女性气质和魅力。

经典的粗花呢无袖直筒裙，异色面料的彼得潘领。玫瑰花形装饰效果的面料使底边更具层次感。

色彩黑白相间的直身连衣裙，上衣横向的条纹增强了视觉效果。领口、袖窿和侧缝的镶边与条纹相呼应。

典型特征

☑ 合体的胸部

☑ 无腰线，掩盖身体

☑ 直身裙长度及膝或到膝盖上方

☑ 无袖或短袖

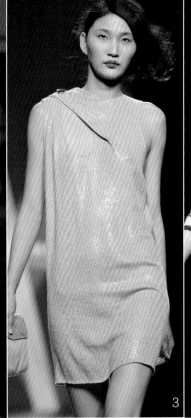

1.异色面料与色块设计使这件裙子具有围裙装的效果。2.这件连衣裙育克以下打褶，胸部造型丰满，裙子至底边逐渐变窄。裙身醒目的印花，方形领口和七分袖塑造出20世纪60年代的风格与美感。3.具有银色金属光泽的面料和有趣的不对称锁眼形切口设计为这件简洁的连衣裙增添了魅力。4.横条状的印花棉布和织锦布与泡泡纱对比形成了丝带般的装饰效果。带状花纹点缀于底边和袖口，并装饰了胸部和育克。5.横向和纵向的几何形色块装饰了这条直筒裙并带来了低腰效果。6.不对称的横向和纵向直条装饰带与黑灰色的曲线织锦图案一起构成了这件连衣裙。7.按扣被用来固定领口的褶皱，同时加固曲线形的下落肩线。8.闪光和哑光面料的对比为简单却有力的造型增添了趣味。激光裁剪的边缘和极少的细节设计创造出犀利的形象。

>抽象印花短款无袖红色连衣裙。造型的重点在于领口的设计，斜向裁剪、同料的围巾领带系于颈部，前中衣褶下垂。碎片状的斜向印花面料采用了斜向裁剪的方法。

两种不同面料的层次感塑造出希腊式的风格。紧身的里层设计为直筒裙的衬底，外层柔软的面料为斜向裁剪，在前身形成垂褶。下垂的衣褶连接在插肩式的领口上并点缀了肩带。

这件精致的漏斗领短袖直筒裙设计让人联想起20世纪50年代的时装风格。简单而整洁的造型完美地衬托出醒目的珠宝图案印花，底边运用了特别设计的图案。

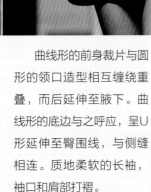

袖子还可以设计为：短泡泡袖，袖口打褶。

曲线形的前身裁片与圆形的领口造型相互缠绕重叠，而后延伸至腋下。曲线形的底边与之呼应，呈U形延伸至臀围线，与侧缝相连。质地柔软的长袖，袖口和肩部打褶。

领口和袖子还可以设计为：漏斗形衣领和短插肩袖。

印制在半透明面料上醒目而逼真的花朵图案是这件简洁直筒裙的主要特征。领口和长袖的袖口设计有滚边，袖口打褶。右侧袖子没有设计印花，为服装整体带来视觉上的不对称感。

1.层叠的蝉翼纱塑造出几何形色块分明的图案。一系列法式缝口、装饰线缝和滚边构成了裙子的外观。2.柔软的麂皮绒和黑色皮革的裁片在材质和色彩上形成对比。胸部的V字形育克与底边造型呼应。3.简洁的直筒裙，左侧臀部装饰有不对称的深开口袋。4.异料的斜向衣片，下落的肩部和低开的圆领设计模仿了分体式的服装。5.醒目的印花图案的排列显示出这件连衣裙的裁剪工艺。前身袋鼠式的口袋为信封形设计。6.低调而优雅的直筒连衣裙，后整理的细节成为设计焦点。领口滚边弯曲延伸至下落的袖窿，袖子为盖肩袖。7.斜向的插肩袖袖窿延伸至领口线，绿色的育克设计带来对比的趣味感。8.这件并不复杂的直筒裙设计让大面积的刺绣面料和镶嵌的珠饰显得更为突出。

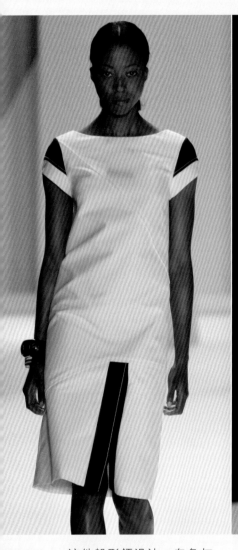  

　　这件船形领设计、白色与海军蓝对比的直筒裙灵感来自航海风格。长度刚好及膝，设计的重点在于底边装饰有明线的开口。海军蓝的袖子装饰有白色镶边，与整体造型呼应。

　　大面积对称纹样的图案印制在由深变浅的背景色调上。及肘的袖子在袖窿和袖口都设计有暗褶，衬托了整体的对称美。简单的裁剪风格，简洁的领口线、袖口和底边设计使印花图案显得尤为突出。

　　整体造型线条干净而有正式感，单一色块的裁片灵感来源于建筑风格。前侧开衩增添了不对称感。装饰缝口配合省道和整体造型的需要，口袋的开口被隐藏。袖子上不对称的色块打破了裙子整体的平衡感。

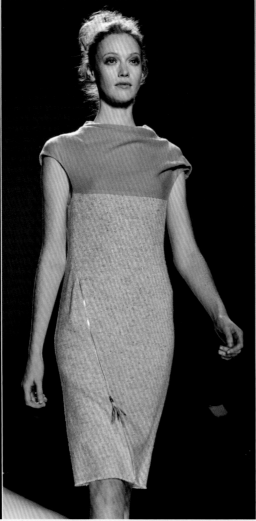

　　层叠而富有雕塑感的裙子塑造出身体的轮廓，制作工艺与造型手法相配合，保留了传统的直筒裙廓型。激光裁剪和黏合技术使各种平面、三角、曲线形的造型组合在一起，创造出三维立体的肌理效果。

　　异料的运用区分出这件简洁直筒裙的育克部分。胸部的分割线与缝口合并，连领式的立领和盖肩袖设计减少了多余的缝口和结构线。

　　宽落肩超大号直筒裙，腰带的设计定义了腰线。充满活力的印花图案在大面积的裙身面料上得以充分展现。背部宽松垂坠的设计为裙子带来了量感，创造出土耳其长袍式的风格。

　　1.印花的设计完美地塑造了对称感。垫肩凸显了简洁的廓型。2.时髦的无袖直筒裙,黑白对比的面料强调了裙子的款式。胸部的分割线隐藏在胸前裁片下。3.奶油色与黑色对比色块在这件连衣裙的腰线处分割。胸前醒目的黑色衣片塑造了图案。4.由蕾丝制成的胸前育克装饰了这件

丝缎直筒连衣裙。丰满的长袖在袖口和袖山处打褶,整体塑造出一种柔软的茧形轮廓。5.水手领毛毡针织插肩袖迷你直筒裙。柔软的面料和丰满的廓型与不对称的几何图案之间取得了平衡感。6.简洁的造型完美地呈现出艺术感十足的几何印花,印花的色调从裙身到底边逐渐变化。7.网

眼面料制成的短袖直筒裙带来运动感。8.直筒裙两侧轻柔的浅色衣片让具有色块感的前中衣片显得更加柔和。船形领与及肘的两片式袖子使这件简洁的直筒裙充满女人味。

1.黑白色调及膝直筒连衣裙，生动的棋盘状拼接图案具有三维立体效果。2.设计简洁的直筒裙装饰有贴袋，可以用来放置配饰。3.几何印花带来裙摆镶边的装饰效果和侧向衣片的视错觉。上衣Z字形的缝口带有装饰意味，颇具趣味性。4.大型的花朵图案作为装饰的重心印制在裙子的正面。具有对比效果的白色肩带设计模仿了围裙装的造型风格。5.对比色的前胸衣片打破了白色连衣裙的极简外观。6.小圆领、连肩袖设计的极简连衣裙，臀围线处设计有金色拉链装饰的口袋。7.哑光质感的羊毛裙子与富有光泽的低腰上衣形成对比，塑造出极简的美学风格。8.剪裁宽松的打褶袖子与侧开的口袋突显出这件迷人的超短连衣裙所具有的曲线廓型。

9
10
11
12

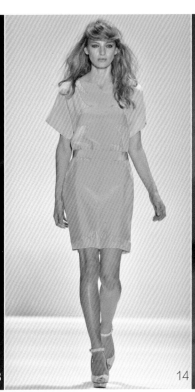

13
14
15
16

9.层叠的蝉翼纱塑造出不同色彩和色调的比例以及几何形的图案，单层的蝉翼纱呈现出透明感。10.这条裙子左右两侧在面料、色彩和比例上完全不同，几乎是两件服装。阶梯状的几何形裁片从肩部一直伸至底边。11.这条直筒裙具有传统的风格，富有肌理的亚麻面料塑造出简约之美。12.对不同材质和重量面料的混合运用以及裁片色彩的对比效果塑造出不对称的造型风格。13.对白色双层面料的巧妙运用含蓄地体现出一件罩衫的廓形。14.裙子的前中由上至下为异色面料的裁片设计，形状曲折的缝合口延伸至底边。15.厚重的公主锻为这条直筒裙带来垂感，低腰线将裙子一分为二。领口装饰有金属质感的镶边。16.这条圆领短袖裙子为落肩设计，较为宽大的廓形在底边用抽带收紧。

A字裙

A字裙的造型很容易识别。它的廓型从窄肩线到底边逐渐展开，裙摆的量感在侧缝处有所增加，这一点与裙摆均匀分布的梯形直筒裙不同。库雷热（Courreges）在20世纪60年代将A字裙定义为三角形，如同我们能够从字面意思联想到的一样。玛丽·匡特（Mary Quant）广泛地使用了这一廓型。此风格的服装造型代表了60年代对于太空时代的观念和认知，具有未来服装的特征，出现在这一时期大量的科幻电影中。

由于并不包裹身体，A字裙的造型易于穿着并且可以修饰和美化不同的身材和体型。它适合由中厚到厚重的硬挺面料制成，稍厚的针织或梭织面料亦适用。这种款式简洁的几何形特征使其适合运用单色或色彩强烈的几何形图案进行设计。

A字形连衣裙常采用简单的无领领口，圆形或U形无袖袖窿。领口和袖子的变化可以使其造型更加丰富多样。口袋、拉链、纽扣等扣合件和装饰可以用来打破裙子的单调感。裙子的长度通常为迷你裙或长至膝盖以上。

无袖几何纹提花A字裙，门襟、领子和下胸围处设计有异料的镶边。形成对比的白色荷叶边衣领使传统的男装提花图案显得女性化。

简单的圆形领口和深挖的袖窿塑造出精致感。前中反向的箱形褶塑造了帝政式腰线以下的A字裙摆。底边和前中嵌入的透明面料增添了趣味感。

1.印花圆领迷你A字裙，异料的长袖设计，袖山头打褶。2.落肩式迷你直筒裙，前中反向的箱形褶使裙子的造型显得饱满。短袖密集地打褶并散开。3.格子花纹、条纹和色块塑造出上衣和裙摆的饰边。前后衣片的热定型褶裥塑造出A字裙形，无需设计胸部分割线。4.20世纪60年代风格的直筒裙，超大彼得潘领，上衣设计有装饰细节和系扣。5.简洁的60年代迷你A字裙，稍大的圆形领口线，长袖的袖口系扣。6.同色系的衣领和底边对衣身的图案效果进行了补充。7.这件造型简洁的连衣裙底摆微微展开，同料的蝴蝶结由领口线至胸部斜向缝制。8.无袖迷你直筒裙，异色的滚边突出了A字的造型和口袋的位置。肩部的滚边将视线吸引至前中的花朵装饰。

　　1.超大格子直筒连衣裙，短泡泡袖设计。圆领、底边和下胸围嵌条皆为斜向裁剪，与胸部的格纹方向形成对比。2.夸张而硬挺的A字廓型，透明和不透明面料的混合使用让上衣和底边充满设计趣味。3.宽U形领、窄肩无袖超短直筒连衣裙。两条黑色饰边出现在下胸围缝口和裙子的底边。4.漏斗领无袖连衣裙。双嵌线口袋装饰有黑色镶边，黑色滚边于前中两侧延伸至底边。5.V字形的领口育克以及上衣纵向的结构线将视线吸引至箱形褶设计的裙摆。横向的腰线突显了低腰的造型。6.面料的混合使用，具有对比效果的袖子和曲线形的领口模拟了围裙装的造型。7.蕾丝制成的低腰上衣看上去为分体设计，打褶的裙摆与上衣相连，整体为连衣裙设计。8.简洁的A字裙造型。

<典型的20世纪60年代风格无袖直筒裙。异色的滚边强调了宽领口和袖窿，并勾勒出并简洁的A字轮廓。结构线和大口袋设计也用滚边加以强调。

夸张的短泡泡袖袖口收紧，袖窿处的褶皱带来份量感。鲜艳的粉红色强调了女性化的美感。侧缝处的口袋设计带塑造了梯字形效果。

领口和袖子还可以设计为：双层褶边装饰的V领，褶边袖子。

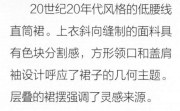

　　20世纪20年代风格的低腰线直筒裙。上衣斜向缝制的面料具有色块分割感，方形领口和盖肩袖设计呼应了裙子的几何主题。层叠的裙摆强调了灵感来源。

　　镂空花边与大面积的提花图案塑造出荷叶边并勾勒出领口线、盖肩袖和底边的轮廓。异色面料设计和缝合线突显出美丽的花朵图案。

　　这件无袖梯形连衣裙的特别之处在于对水平和垂直线条的混合使用，裙子采用了黑白几何织纹的面料，衬衫领和门襟为黑色。育克和贴袋的上部使用了黑色面料，连衣裙裙长较短，露出了黑色衬裙。

　　1.A字无袖连衣裙。前中开口设计有暗扣。斜线剪裁的深插袋与侧缝相连。**2.**糖果色A字连衣裙运用了马德拉刺绣。超大的刺绣衣领与纯白色蝉翼纱制成的育克和袖子形成对比。**3.**设计的重点在于深开的V形领口，这种裁剪的设计显露出里层具有造型感和曲线美的紧身胸衣。夸张的A字裙塑

造出裙摆的量感。**4.**通过对面料进行热定型褶皱处理，塑造出这件简洁的船形领A字裙，并使其富有动感。**5.**立领嵌入方形领口所形成的角度以及盖肩袖所构成的斜角呼应了A字裙的造型。**6.**A字裙造型采用斜裁的方法塑造而成，针刺毛毡制成的斜向裁片与衣身紧密贴合。**7.**珠光宝气的V形领

口线在腰线的正中塑造出一个视觉焦点。具有折纸效果的衣片的尖角也在前中的焦点处接合，创造出一种信封式的效果。**8.**透明的黑色层叠蝉翼纱塑造出双层A字裙效果。深V领口对黑色进行了强调。

造型简洁的连衣裙，设计的焦点在于底边和袖口。裙子的后片比前衣身略长，露出黑色衬里，前片底摆的包边也为黑色。长袖的袖山头较为丰满，肩线稍下落，至花瓣式袖口逐渐变细，可见黑色衬里。

这件梯形迷你连衣裙带有许多传统的设计特征，完美地展现出醒目的20世纪70年代的印花图案。宽漏斗领和翻折式七分袖，具有反光效果的银色光盘装饰于前衣身和衣领上。

黑白对比的衣片带来现代感，丝缎面料的运用则更具正式感，这件连衣裙可在日装和晚装之间自由转换。圆形的领口和袖窿体现出整洁的美感，但胸围线处的V字形镶边又增添了一份性感。

领口和袖子还可以设计为：一字领口搭配延长的肩缝和大盖肩袖。

<这件梯形裙融合了衬衫裙的设计，底边具有衬衣下摆的效果，创造出层叠的服装款式，背部的底摆稍长露出黑色衬里。黑色也用作前底摆和袖窿的包边。

胸部宽大的深V形领口开至袖窿，几乎具有肩带的效果，前衣身的设计带来更加苗条的视错感。

59

梯形裙

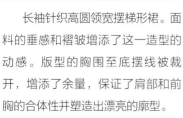

长袖针织高圆领宽摆梯形裙。面料的垂感和褶皱增添了这一造型的动感。版型的胸围至底摆线被裁开，增添了余量，保证了肩部和前胸的合体性并塑造出漂亮的廓型。

具有正式感的无袖及膝羊毛直筒裙。前中裁片在领口线处塑造出特别的半漏斗形。衣片自胸围线开始增添余量，并逐渐增加至裙摆，从而呈现出梯形效果。

与基本款的直筒裙自侧缝处做增量来塑造A字裙摆的造型手法不同，梯形裙通过分割、开衩、开襟和使裙摆展开的方法来加宽前后衣片的底摆，从而增添裙子的体量感。与A字裙一样，梯形裙不收腰，从窄肩到裙摆逐渐展开。裙子的体量感塑造出衣褶，裙摆可以自由摆动。具有现代感的梯形裙可以设计有腰带和褶皱，塑造出柔软的宽松式风格。

梯形裙造型经常用于孕妇与儿童的裙装设计中，娃娃式的连衣裙即由此造型演变而来。在伊夫·圣·洛朗（Yves Saint Laurent）为迪奥品牌推出了1958年的时装系列之后，梯形裙造型开始成为主要的流行趋势，并与迪奥在此之前推出的造型硬挺的"新风貌"（New Look）系列有很大不同。20世纪60年代，玛丽·匡特（Mary Quant）将梯形裙设计为更短的迷你连衣裙，自此，梯形裙作为主流的时装款式和典型的时装廓型延续至今。

典型特征
☑ 梯形外观：窄肩线、底摆很宽
☑ 裙子整体廓型展开，增添了量感
☑ 不硬挺的造型，无腰线，裙摆自由摆动

1.休闲长袖梯形裙，袖口散开与裙摆相呼应。**2.**醒目的款式，对向的黑白条纹具有极为强烈的几何效果。纯色面料的流动感平衡了有力的肩线造型。**3.**这件灯笼袖放射褶丝质梯形裙设计有凹槽领，是直筒裙的女性化演绎方式。**4.**这件典型的梯形裙具有年轻的复古风格。小圆领在视觉上平衡了轻佻的短裙摆和小巧的盖肩袖。**5.**特别的梯形直筒裙，设计有宽立领、披风式的袖子和同料的蝴蝶结。披风袖设计得很宽松，围裹在手臂上并与前中育克相连。育克缝口以下塑造出展开的裙摆。**6.**几何图案印花的镶边为这件简洁的及膝梯形裙增添了设计趣味。**7.**在羊毛面料上混合使用的花朵和格纹图案塑造出裙边印花。**8.**黑色肩带突显出这件连衣裙的梯形外观。紧身的上衣与中等长度的宽大裙摆形成鲜明的对比。

>抽象的造型和不均衡的剪裁颠覆了梯形裙的设计概念。圆形剪裁的衣片包裹身体，不同长度、富有层次感的褶皱镶边缝制在裙身上。

轻盈的电力纺丝绸面料具有流动感并可方便身体活动，与圆形剪裁手法的混合使用极大限度地创造出丰满的造型。带有邮票图案的定位印花设计为服装增添了幽默感。

蓝色皮革裁制的
片与成型效果塑造
众不同的梯形轮
侧面弧线形的开
计有桔红色的三
衬料，增添了运

领口和袖子还
可以设计为：锁眼
形领口线和插肩袖。

这件梯形裙为小圆领、肩线
稍延长的无袖造型，与衣身的解
构式裁片及不对称底边之间取得
了某种非正式的平衡感。雪纺面
料上透明和哑光相间排列的条纹
形成对比，突显出斜向的款式
线，塑造出一种类似蜘蛛网的精
致效果，与宽大且不平整的底边
造型相呼应。

这条梯形裙的造型由胸部以上的
横向裁片以及向底边逐渐加宽的编
制面料构成。编织面料制成的肩带
和紧身的针织袖子起到衬托宽大裙
摆的作用。

帐篷式连衣裙

体量感十足、层次丰富的黑色透明面料覆盖身体并掩盖了体形。四组由网纱制成的V字形镶边嵌入领口线，避免服装由肩部滑落。

土耳其长衫造型的短裙摆为圆形裁剪设计。部落风格的黑白印花围绕身体，在视觉上模拟出育克及袖口和裙摆的镶边。柔软的面料和裙子的量感塑造出褶皱和动感。

帐篷式连衣裙与A字裙和梯形裙有相似之处，因其体量感更饱满而得名。这种廓型也可以称为金字塔式裙装。帐篷式连衣裙包裹全身，轮廓由胸部开始展开，形成了一种罩衫效果。对于胸部丰满的女性而言这种款式并不适合，因为丰满的胸部会使帐篷裙与身体之间产生一定的距离，看起来与孕妇装相似；尽管如此，帐篷式连衣裙可与细腰带搭配从而塑造出腰身线条。这种裙装可与层叠的褶皱一起塑造出更为丰满的体量感。设计别致的衣褶或放射状的褶皱皆是流行的式样。

在设计帐篷裙时通常挑选质地轻薄的面料，以突显裙子所具有的动感。大印花面料效果良好，而纯色的面料则更适合搭配服装配饰和珠宝。帐篷式连衣裙适合于制作成体量感十足的不对称造型，前卫设计师喜欢采用这种造型来包裹身体。由于帐篷裙并不贴身，非常适合于在炎热的天气穿着。

这种连衣裙可以设计为有袖或无袖，尽管它是春夏季节的理想造型，与厚实的连身裤袜搭配后也适于在冬季穿着。裙子的长度最好及膝或在膝上几英寸。过短的裙长会使裙子看上去像娃娃衫。长裙的效果也不错，会使裙子看上去更像一件土耳其长衫。

典型特征
☑ 帐篷式的造型：窄肩线、裙摆非常饱满
☑ 包裹身体
☑ 轻薄的面料

1　2　3　4

5　6　7　8

1.这件及膝的连衣裙包裹身体并设计有马扎尔袖。垫肩的设计塑造出平直而有力的肩部线条。2.色块状的条纹设计突显出几何形的裁剪风格。雪纺褶裥让生硬的线条变得柔软。固定的腰部设计在某种程度上定义了连衣裙的造型。3.这条裙子为落肩，设计有宽大的袖子，在茧形裙身的基础之上又增添了体量感。4.风格简朴的及地长裙拥有长袍一般的质感，设计的亮点在于深V形的领口。5.裙身前面印花的衣片塑造出苗条的轮廓。打褶雪纺制成的侧向裁片则于底边展开，构成了类似帐篷裙的造型。6.折叠手帕式的三角形造型由矩形裁片构成，同时在衣服的前后身塑造出袖子和袖窿。7.抽象的褶皱造型包裹身体，并塑造出不对称的裁片。用皮带作为装饰，这条裙子拥有一种解构式的外观。8.圆形剪裁的连衣裙由上衣开始打褶形成梯形轮廓，裙子的底摆为郁金香造型。

异色矩形丝缎面料经过裁剪和折叠后，于前中和后中缝合，塑造出宽大的造型。条纹的面料显示出织物的纹理，并展现出衣片的裁剪方式。多余的面料在前衣身形成褶皱，增添了裙子的量感。

这件连衣裙展现出许多土耳其长袍的设计特征，如上衣的圆形领口线和前胸的开口，以及裙子的长度和体量感。尽管如此，裙子的造型比起土耳其长袍则显得更加圆润，并且采用了圆形剪裁而非矩形剪裁的方法。由袖窿和披风效果的背部造型可以看出裙子的整体风格更接近茧形。

这件连衣裙的左侧由肩部开始打褶，塑造出单侧的褶皱，在视觉上更具体量感。裙子的左侧看上去似乎折入底边，使面料效果具有延伸感。

1.左右两侧不同造型的服装似乎碰撞在一起，相互缠绕的效果塑造出抽象的造型。2.不同色彩和比例的条纹突显出宽大的帐篷式造型。腰部的横向育克具有苗条的视觉效果。3.针织罗纹裁片以下的丝绸面料打褶，罗纹在上半身分割了裙子，塑造出宽松式的罩衫效果。深V领口线和侧面开衩露出身体。4.轻盈的放射褶雪纺面料由铜质颈饰固定，而后倾泻而下覆盖身体。5.前后衣身的圆形造型在袖子的上部连接，塑造出土耳其长衫的造型。低开的一字领口为连领设计。6.羊毛与亚麻混纺的简洁而宽大的连衣裙。衣领和前中开口处装饰有黑色皮革制成的镶边，系带亦采用黑色皮革材料。7.比例匀称的直筒裙，土耳其式翻折袖，肩部与侧面系扣。8.宽大的帐篷式连衣裙，落肩设计，袖子的上部打褶，塑造出弧线形的轮廓。

束腰外衣式直筒裙

束腰外衣式直筒裙（tunic）通常穿着于套头衫、衬衫、连身裤袜和丝袜等服装之外。它由一种古罗马时期男女皆可穿用的服装造型发展演变而来，造型简单，长及大腿至脚踝之间。英文中的"tunic"一词用来形容教会和军用的服装，通常穿于里层服装外，具有保护作用。束腰式连衣裙一般为无袖设计，如将其穿于T恤或针织套头衫之外，则须在前、后衣身或肩膀处设计扣合件。如果其裁剪很宽松，则可以套头穿着，无须设计扣合件。领口线的设计需与里层服装相适应，所以圆形、U形、V形或方形剪裁的领口是理想的选择。

不对称裁剪、荷叶边等设计形式也可以在袖窿的造型中重复和再现。系扣或有拉链设计的前中或侧前方衣片底边常设计有开衩，可以露出里层穿着的连身裤袜或丝袜。具有标志性的口袋设计可以为束腰外衣式连衣裙增添工装风格的美感。

略宽大的休闲造型，方格纹无袖直筒裙，圆形领口线与育克缝口相呼应。连衣裙设计有自育克缝口延伸至底边的暗褶，裙长及膝。

造型宽松的连衣裙，叠缝的肩部缝口使裙子能够自然下垂。颈部的育克延伸至袖窿，突显出方正的外观。裙子前中设计有隐形的系扣门襟，门襟延伸至裙摆后变为褶裥，让裙摆看上去更加饱满。深插袋与斜向的胸省相连。

典型特征
☑ 从古代的教会和军用服装演变而来
☑ 穿着于其他服装之外
☑ 宽松的造型
☑ 长度及膝或至膝上

　　1.宽松无袖及踝连衣裙。滚边的设计突显出领口线和侧面的高开衩。**2.**厚重的棉质圆领连衣裙，袖长及肘，同料的腰带和双嵌线侧口袋带来实用感。**3.**这件无袖直筒裙设计有船形领和透明的异料肩带。透明面料制成的侧向衣片使裙子更加合体。侧开衩与饰有镶边的底摆衬托出大侧

袋。**4.**深V形领口与裙身前中的系扣设计将束腰外衣式直筒裙与外套式连衣裙的风格融合在一起。大贴袋与袋盖缝制于臀部两侧。**5.**这件连衣裙的风格来源于和服，矩形剪裁将其分割为黑白印花和纯黑色色块，横向的彩色条纹强调出上衣、腰部和底边。**6.**这件直筒裙弧线形的衬衫

式下摆和袖口设计体现出传统的衬衫风格。**7.**白底海军蓝色的斜向裁片塑造出围裹式的披肩效果。异色的明线设计定义了服装的造型。**8.**宽松的紧身外衣式连衣裙造型简洁。较宽的船形领带来解构式的视觉效果。

衬衫裙（SHIRTDRESS）

衬衫裙是衣橱中的必备款式，其造型简单大方，适合搭配其他服装及配饰。衬衫裙兼具男性化和女性化的风格特征，其款式和造型丰富多样。

平领和层叠的衬衫下摆塑造了这件连衣裙的风格，并将其划分至衬衫裙的行列之中。奇异的邮票印花被巧妙地排列，放大的印花效果引人注目。挺括的棉质面料很好地展现出宽大的造型及和服风格的袖子。

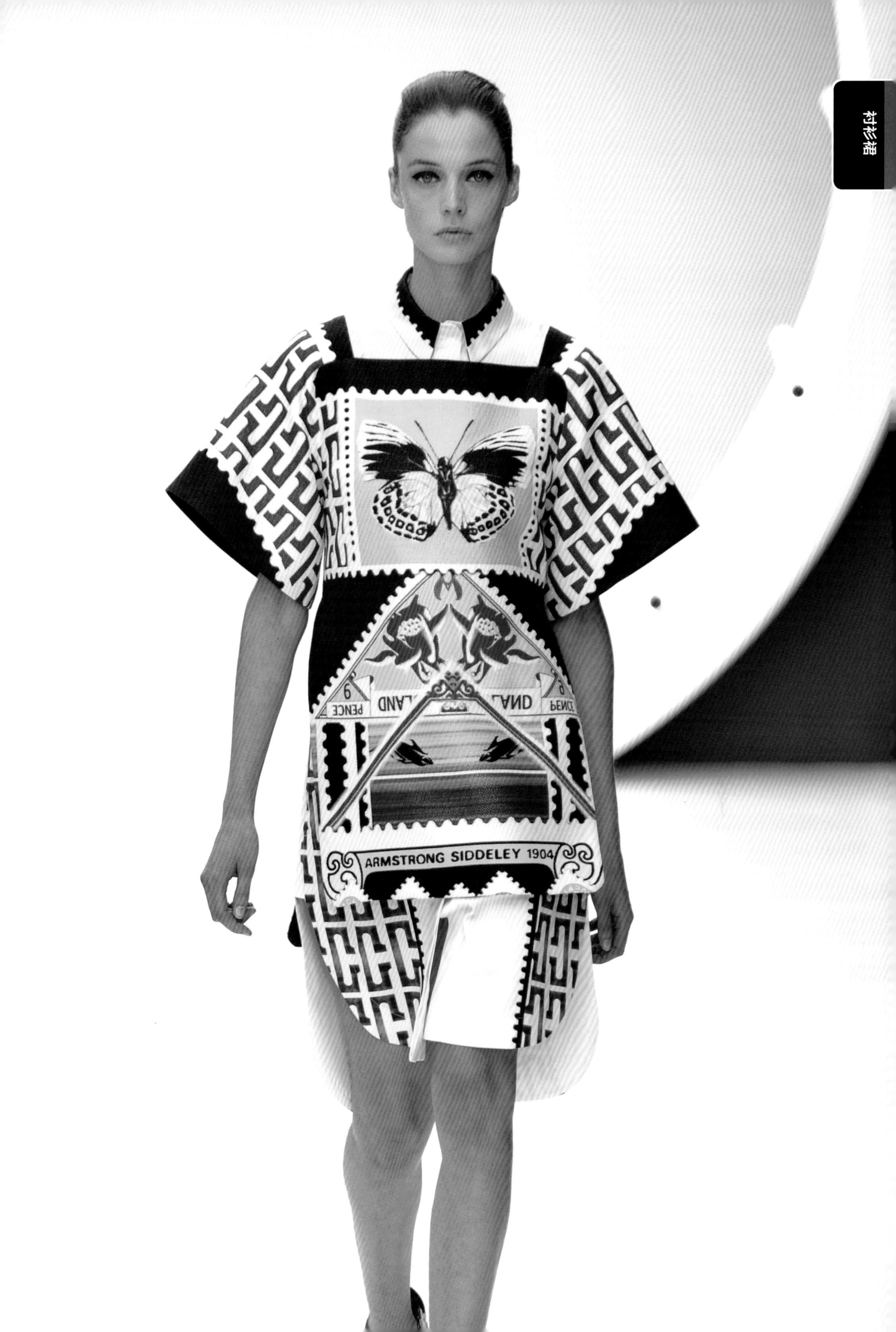
ARMSTRONG SIDDELEY 1904
PENCE

设计背景

20世纪60年代名模崔姬（Twiggy）身穿一件设计有夸张的亨利衬衫领和袋盖口袋的衬衫裙。身材娇小的模特穿着直筒裙的效果如同一个孩子穿着成人的衬衫。青春洋溢和天真无邪的风格与60年代的探索精神相呼应，是这一时期服装款式的典型特征。

由字面意义可以看出，衬衫裙是由传统的设计有系扣门襟、双层后过肩和立领的男式衬衫演变而来的。这种偏正式的连衣裙设计有翼形领、胸前装饰、翻折式袖口和袖扣。衬衫裙有着加长衬衫的视觉效果，它可以设计得很宽大，也可以搭配腰带穿着。衬衫裙还可以在腰部设计缝口，将上衣和裙子分开，这样的设计也可称为衬衫式连衣裙。在设计风格上，衬衫裙可以设计得中性或男性化，而在另一方面，也可以漂亮而有女人味，以20世纪50年代多丽斯·戴（Doris Day）穿着的衬衫裙最为经典。

迪奥的战后"新风貌"（New Look）定义了衬衫裙，其廓型特点为细窄的腰部和饱满的裙子，通常还设计有缺口领和带袖头的及肘袖子。20世纪50年代，衬衫裙成为美国流行文化的标志性服饰，家庭主妇们也将其作为家常便服穿着。到了20世纪80年代，衬衫裙再次流行并受到军装制服、猎装和工作装等服饰风格的影响。

随着女性在20世纪七八十年代正式进入劳动力市场，她们需要使自身看上去自信又美观的服装。这件由卡尔文·克莱恩设计的衬衫裙有少女式的连衣裙下摆、系带的腰部和夹克衫式的领口，领口的设计十分性感，让人联想起它模仿的男式礼服衬衫。

设计要点

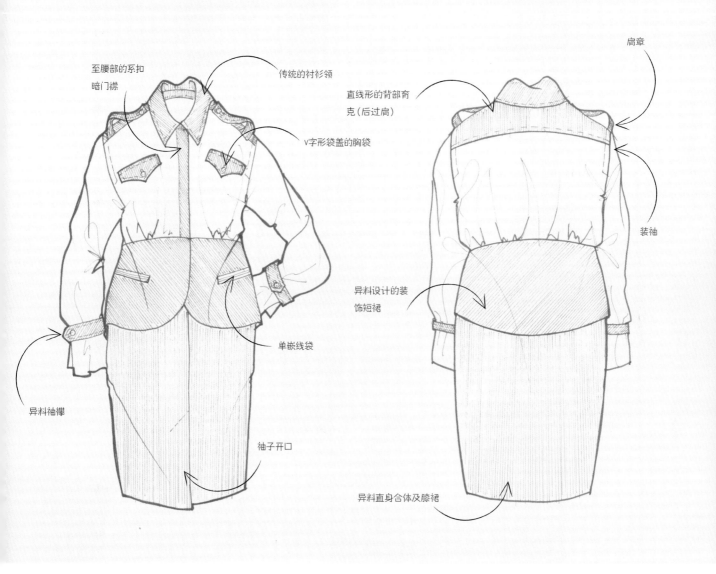

至腰部的系扣
暗门襟

传统的衬衫领

直线形的背部育克(后过肩)

V字形袋盖的胸袋

肩章

装袖

异料设计的装饰短裙

单嵌线袋

异料袖襻

袖子开口

异料直身合体及膝裙

廓型: 廓型可以设计得紧身合体,用来搭配正式着装;也可以休闲宽松,看上去像一件宽大的男式衬衫。

长度: 长度没有特别的限制,衬衫式的下摆,侧开衩及不对称的底边都可以显示出衬衫风格的影响。

育克: 育克在衣身的前后有着大小和造型上的不同变化。无论裙子有没有受到传统男式衬衫或正式晚礼服的影响,衬衫上的装饰育克都能在很大程度上改变它的美学风格。带有造型的育克设计是军装、猎装、工装以及西部风格的衬衫裙的普遍特征。裙子可装饰有衬衫领、系扣门襟至底边,或有束腰设计。

领子与袖口: 领子和袖口的设计塑造了衬衫裙,V字形领口搭配门襟可体现出衬衫设计的影响。运用立领可以得到更加正式和硬挺的效果,而翻领设计则更具有休闲感。来自不同文化的灵感影响了领子的设计,其中包括立领、尼赫鲁式领、中山服领或带有蕾丝装饰的彼得潘领。

袖子: 袖子的设计多样,可以是短袖,也可以设计成长袖;带有系扣袖口的宽大袖子或合体窄袖;翻折式袖口或无袖口设计。

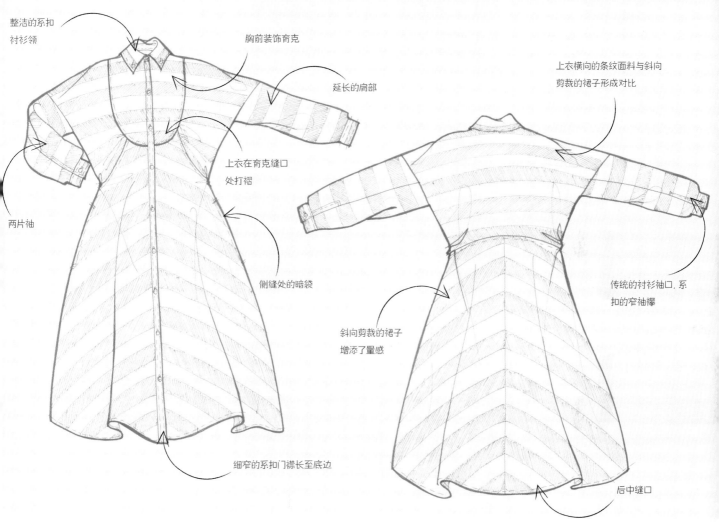

整洁的系扣
衬衫领

胸前装饰育克

上衣横向的条纹面料与斜向
剪裁的裙子形成对比

延长的肩部

两片袖

上衣在育克缝口
处打褶

传统的衬衫袖口，系
扣的窄袖襻

侧缝处的暗袋

斜向剪裁的裙子
增添了量感

细窄的系扣门襟长至底边

后中缝口

面料： 面料的选择与衬衫的轮廓和造型一样丰富。尽管衬衫裙只是用于搭配的一种服装款式，季节的变化仍会影响其面料的厚度。设计师选择或厚重或轻盈的棉质、亚麻和羊毛面料，抑或采用丝绸和人造面料等都可以改变衬衫裙的设计外观和风格。方格色织布和印花面料可以替代格纹和牛仔面料，以达到更加女性化的设计效果。醒目的印花和圆点可以带来新的美感。

装饰： 衬衫裙的装饰手段有明线、滚边、细褶、刺绣、蕾丝、荷叶边或肩章等形式。小的徽标或刺绣的字母组合可以起到点缀服装的效果。装饰性或功能性的纽扣带有纽孔或纽襻设计，风格独特。五金件装饰包括袖扣、饰纽、金属装饰的衣领、拉链、锁扣、铆钉和水钻等。

口袋： 口袋是衬衫裙的一种既普遍又独特的设计特征，其形式多样，常见的有设计于侧缝处的隐形口袋和超大口袋等。口袋的设计将决定服装款式的类型。西部风格的口袋或双嵌线袋通常设计于胸围线处，装饰有滚边并以刺绣的V字造型收尾。

衬衫裙

衬衫裙的设计灵感来源十分丰富，如猎装、短夹克衫、西部风格、赛船夹克和橄榄球衬衫等。与经典的男装衬衫不同，这些服装都源自传统款式，经过重新设计之后可呈现出丰富多样、实用又简单时尚的外观，兼顾了优雅与功能性。

这一经典的连衣裙造型被一些由来已久的设计特征所定义，如背部育克，根据灵感来源，有时也设计有胸前育克；侧缝和腋下的双针缝纫线；领子的设计可为整体造型定调，如圆领、系扣领、翼形领或尼赫鲁式领等；衬衫式的下摆，明线缝纫的卷边；袖口可设计为系扣样式或采用袖口链扣。

衬衫裙可以作为一件实用的单品在正式或非正式场合穿着，通常搭配同料的腰带，束带设计比搭扣设计更常见。作为正式着装时，领子和袖口常使用异色面料。衬衫裙几乎适用于所有的气候和场合，可采用轻盈的棉质府绸和细平布，晚装可使用丝绸面料、秋冬季则使用羊毛面料制作而成。

宽大的长袖衬衫裙柔软而休闲，裙长至小腿，侧开衩开至膝盖并设计有滚边。两片式衣领设计有系扣并向外展开。其他设计细节包括前置肩线和左胸的方形贴袋。

这条连衣裙将梯形直筒裙与衬衫领、前门襟融合在一起。蓝色衣领和V字形贴袋与裙身形成对比，短袖设计为白色的夏日连衣裙增添了运动感。镶边门襟设计有精致的纽扣。

典型特征
☑ 传统的男式衬衫细节
☑ 有时设计有前、后育克和门襟
☑ 衣领和袖口
☑ 口袋特征

1 2 3 4

5 6 7 8

1.低腰衬衫裙，裙子设计有箱形褶。上衣缝制得合体，搭配20世纪70年代风格的两片式尖领。2.柔软的真丝雪纺衬衫裙在腰部处打褶。立领为斜向剪裁，领口系带。3.异色的立领和前中门襟。细节包括打褶的衣身以及侧缝口袋。4.彼得潘领无袖衬衫裙。低腰设计的裙子为矩形剪裁，腰部加宽，手帕裙摆自然下垂。5.高腰线衬衫裙，裙摆为A字形。饱满的长袖在袖山头处打褶，袖口收紧。6.异色的衣领、袖口、门襟和倒V字形的腰带设计与连衣裙匀称的比例之间取得视觉上的平衡。7.格纹衬衫裙设计有透明的袖子、硬挺的平翻领和袖口。V字形的宽领口让领子立于肩膀之上。8.紧身宽摆迷你连衣裙，前门襟开至胸部以下。上衣正面的省道在肩部形成锁孔形的开口。

>这件漂亮的束腰衬衫式连衣裙由印花裁片组合而成。松紧带制成的装饰衣褶在胸部、臀部和袖口塑造出饱满的造型。大尖头平翻领与衣身的曲线形成对比。前门襟使用了对比效果的印花面料。

袖子还可以设计为：打褶的盖肩袖。

醒目的复古风格六角形印花与色的衣领、袖口和贴袋形成对比黑色腰带和装饰性的搭扣设计为睛之笔。口袋和领子装饰有蕾丝与裙子整体的复古风格相呼应。

轮廓苗条纤细的衬衫裙，夸张的及地裙长在视觉上具有延伸感。深V形领口设计、大腿至底摆不系扣穿着可以塑造精致而成熟的风格，适于在夜晚穿用，或与单件服装搭配以获得休闲感。

轻盈的圆点印花面料是束腰式连衣裙的理想选择。斜向剪裁的裙子塑造出长至小腿的裙摆和体量感。色彩对比强烈的条格装饰了衣领、袖口和由颈部至底摆的门襟，同时也用来制作腰部的系带。

领子和色块装饰还可以设计为：中山装式的立领，纯色装饰性色块镶拼至水平方向的袖子缝份中。

清新的白色棉质不规则剪裁衬衫裙。斜向造型的上衣在门襟的两侧塑造出不同的廓型。不对称的底边以及一侧袖子和对侧底摆的色块设计将这件连衣裙塑造出独特的个性。

　　1.挺括而宽大的男性化衬衫裙，其传统设计特征包括两片式立领和胸部贴袋。**2.**衬衫式袒领太阳裙设计有深挖的袖窿，肩带至V形领口逐渐变细。**3.**及踝的棉质印花衬衫裙，衣领及长至腰部的门襟为异色面料。肩部、腰部和底边缝制有同料制成的抽带。**4.**传统的系扣束腰式衬衫裙，向外展开的底摆。**5.**织锦花纹面料、深V领、插肩袖以及曲线形的尖角底边设计如同一件加长的束腰上衣。搭配女式雪纺衬衫塑造出围裙装的效果。**6.**宽大的细条纹面料以及硬挺的传统男式衬衫领设计。衣领经过变形处理，将后部向前放置，塑造出船形领口。**7.**无袖的衬衫裙设计有吊带式立领。裙摆为圆形剪裁，多余的面料在腰部形成衣褶。底边在侧缝开衩，形成传统的U字形衬衫底摆。**8.**长度及踝的衬衫裙，腰部至底摆印制有醒目的印花。

加长的系扣门襟偏离裙子的中线设计于左侧，利用纽扣和纽孔固定。连衣裙整体造型休闲，设计有短袖及同料的腰带。面料由排列成行的细小花朵点缀，具有浮雕式的效果。这件连衣裙适用于休闲及正式场合。

小巧的领子平整地缝制于领口，系扣门襟设计有很多小纽扣。宽束腰设计，上至胸围线以下，下至臀围线。上衣在肩部育克及腰部打褶。

袖子和腰部育克还可以设计为：蝙蝠袖的V形缝口与V字形的腰部育克设计相呼应。

有纹理的梭织泡泡纱面料让硬挺的造型设计成为可能。装饰有青果领的V字形领口和肩部被着重强调。袖窿处的育克裁片与双层袖子搭配在一起，盖肩袖叠加于短袖之上，塑造出肩章效果。系扣门襟开至低腰缝口，箱形褶塑造出裙子的摆围。

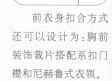

漂亮的复古风格衬衫裙，胸前装饰裁片从颈部向下延伸至底边，形成如同门襟开口的样式，装饰性的纽扣设计。连衣裙自前衣片开始打褶，造型与制服裙相似。前衣片、腰部和衣领处设计有黑色的滚边和饰边，黑色的袖口和底摆镶边让裙子的造型看上去更加完整。

无袖的丝质连衣裙设计有小巧的纽扣领，前系扣门襟开至腰部。假束腰系有皮质系带。裙子的褶皱在腰部和底边固定，U字形底摆两侧设计有开衩。

宽大的衬衫裙，中式小立领，颈部为一粒扣设计。前中门襟开至胸部以下，贴边为斜向剪裁。挺括的棉质格纹面料适合夏季穿着，两侧的开口和U字形底摆搭配裤装也很理想。

前衣身扣合方式还可以设计为：胸前装饰裁片搭配系扣门襟和尼赫鲁式衣领。

<分片裁剪的连衣裙腰部以上合体，腰部以下为A字裙造型。衬衫领为一件独立的饰品，与无袖V领连衣裙分开。裙子大量使用了红色珠片进行装饰。

大彼得潘领和刺绣、钉珠等装饰与红色围兜式裁片一起构成了这件连衣裙的视觉焦点。七分袖的袖口设计与衣领相呼应。质感上乘的羊毛格呢面料及其温暖的色彩使这件连衣裙成为秋冬季节的理想之选。分片裁剪的连衣裙腰部以上合体，腰部以下为A字裙造型。衬衫领为一件独立的饰品，与无袖V领连衣裙分开。裙子上使用了大量红色珠片进行装饰。

军装/制服裙

丰富的灵感来源构成了这一风格，包括军装、警察制服、工作装以及学生制服。制服的设计是为了让服装具有统一的标准，以便于识别及判断其属性，同时提供一种权威感和所属组织机构的显著特征。从多姿多彩的庆典服装，到强调功能性的实用服装，制服的造型和外观可以有多种变化。

制服裙的经典造型有：双排扣搭配立领；单排扣搭配大翻领；尼赫鲁式领或中山装领；合体的腰部和饱满的裙摆；铅笔裙设计有后开衩；打褶裙及腰部的装饰短裙；倒箱形褶或百褶A字裙，低腰线设计。

设计特征主要包括衣领、口袋、纽扣、肩章、刺绣的徽章和绶带等。多口袋设计是重要的主题，通常将不同风格和大小的口袋进行混合使用。加固的区域，如纫缝及皮革补丁，具有保护的作用，同料或皮质的腰带及襻带起到强调外形和增添约束感的作用。

常用的面料有羊毛面料、华达呢、棉质斜纹面料等，丝绸、亚麻、精纺棉和人造面料同样适用于表现制服裙的造型特征。海军蓝、黑色、红色和卡其色能很好地表现制服裙的主题。条纹、几何图案和印花的运用将为其增添趣味感。

具有军队制服特征的基本造型，设计有衬衫领、前门襟开口、胸袋和斜向的插袋。数字印花的设计巧妙地勾勒出衣片的轮廓。

奢华的丝质及踝长裙，系扣设计于左侧并延伸至裙摆。臀围处设计有大贴袋，胸部为有袋盖的小贴袋，柔软的披肩领，简洁的窄袖设计。

典型特征
☑ 传统的军装制服细节
☑ 具有衣领、口袋、系扣和肩章等设计细节
☑ 装饰性的徽章、领章和明线设计

　　1.棉质衬衫裙，胸部的袋盖贴袋有暗褶设计，两侧为外露式的口袋。裙子和口袋用装饰有异色的45°缝角。**2.**双排扣的连衣裙装饰有肩章、肩带、双搭扣腰带，胸部和臀围设计有袋盖口袋。**3.**无领的紧身束腰衬衫裙，门襟有暗扣设计。有暗褶的

口袋、袋盖和肩章是军装的典型特征。**4.**紧身的直筒造型设计有系扣暗门襟、高圆领、皮质肩章和腰带。**5.**不同功能和造型的口袋混合使用，纯色面料将其统一。**6.**简化的制服造型衬衫裙。前衣身延长形成暗门襟，只有两片式衣领的一粒纽扣显露在外。**7.**前中

短拉链、哑光面料制成的育克和袖子与西装料的衣身和白色衣领形成对比。**8.**设计有暗褶的胸部贴袋和系扣的袋盖为典型的军装风格。

猎装裙

猎装风格的衬衫裙是一种被众多设计师所重新诠释的经典造型。它超越了时装潮流的限制。尽管伊夫·圣·洛朗于20世纪60年代创造了猎装裙，但直到80年代，拉夫·劳伦和卡尔文·克莱恩的设计才使其开始流行。这种造型风格适合在炎热气候中及夏季旅行时穿着，梅丽尔·斯特里普（Meryl Streep）1985年的电影《走出非洲》使猎装裙开始大受欢迎。

猎装裙的时尚风格吸取了电影中浪漫的探险家形象，经过设计师重新诠释和演绎之后设计为适合现代旅行者穿着的服装款式，面料使用了传统的亚麻、卡其棉布、府绸、斜纹布或现代感的面料。柔和的卡其色、橄榄色、石青色或迷彩印花都可以塑造出真正的猎装形象，此外，白色也是不错的选择。使用明亮而时髦的夏日色彩可以使风格更新颖，现代感的迷彩或动物印花也可以帮助塑造猎装风格。

传统意义上，猎装裙是一种介于军装夹克和射击夹克之间的服装，设计有四个风箱式口袋、腰带、传统式尖领和肩章。口袋用来携带弹药、指南针、地图和小刀。现代的随身物品可能包括手机、平板电脑、信用卡和护照，可为设计口袋的形状和尺寸提供参考。此外，口袋也可作为单纯的装饰而存在。

宽松的乔其纱衬衫裙，设计灵感来自于迷彩印花。传统的衬衫领和前系扣门襟。腰带塑造出轻微打褶的腰部。宽松的短袖设计和下落的肩部呼应了休闲的造型。

裙子的左侧为紧身上衣设计，利用公主线塑造出合体的胸部和细窄的腰部造型。与之形成对比的右侧为打褶的丝质针织裁片，包裹缠绕至左侧形成柔软的褶皱，裙摆设计为围裹式的开口。

典型特征
☑ 风格介于军装夹克和射击夹克之间
☑ 四个风箱式口袋、腰部皮带、传统尖领和肩章
☑ 卡其色、橄榄色、石清色、白色或迷彩印花

　　1.胸部的大口袋和宽大的落肩袖与这件及踝长裙宽大的比例相呼应。2.同料的瀑布纹花边自右侧衣领下方延伸至侧缝，缓冲了西装面料所具有的正式感。3.宽松的短袖衬衫裙，前系扣门襟设计自衣领延伸至底边。暗褶有盖衣袋使猎装造型更完整。4.这件时髦的亚麻衬衫裙设计为短袖、侧开衩、连领、前中门襟和暗褶有盖袋。5.宽松的上衣设计有对称的箱形褶系扣有盖袋。腰部饱满的衣褶塑造出饱满的裙摆。6.系扣衬衫裙设计有翻折袖口。束腰带的设计塑造了腰线并分割了上衣和裙摆。7.卡其色面料和动物印花饰边的运用显示出强烈的猎装风格。不对称的设计细节以及腰部的装饰短裙颠覆了传统的猎装衬衫形象。8.颇具光泽感的横向宽条纹丝缎面料十分醒目，简单的A字裙造型和军装风格的口袋平衡了面料的华丽之感。

>设计有传统猎装细节的紧身衬衫裙，金属质感的腰带和肩章的加入强调了猎装风格。

猎装和战壕风衣造型的衬衫裙，双排扣门襟开至底边并装饰有45°缝角。口袋、衣领及单侧的披胸布装饰有双针明线。三个实用口袋设计，两个在臀部，一个在胸前，均设计有箱形褶、45°缝角、异色纽扣和V字形袋盖。

休闲造型的连衣裙，腰部的同料束腰式系带为廓型稍加点缀。柔软的丝绸褶皱呼应了披肩效果的肩部造型，透明的雪纺袖子为整体造型增添了微妙的变化。

设计有披胸布的双排扣战壕风衣式猎装裙。扎染面料呈现出如同太阳光斑的迷彩效果。皮革腰带点缀了腰部并具有实用美学的风格。

V字形领口无袖衬衫裙设计有系扣门襟。设计师采用胸部的斜角口袋和臀部弧形袋盖的实用口袋塑造出猎装风格。同料的腰带穿过装饰性的带襻系于腰前。

口袋还可以设计为：有系扣式袋盖、饱满的风箱式贴袋。

礼服式连衣裙

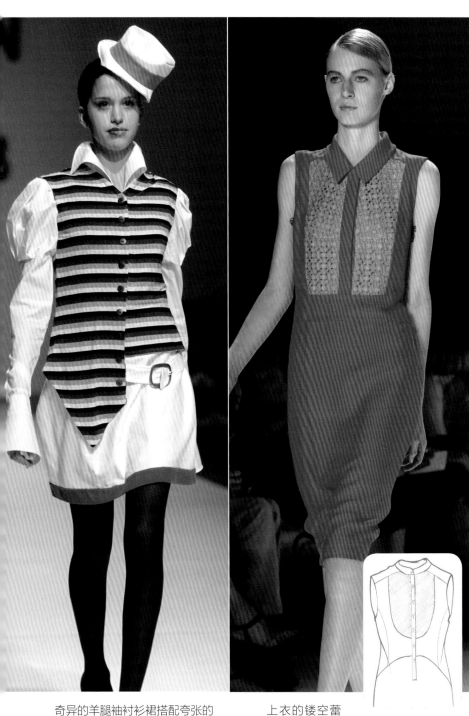

礼服式衬衫裙从正式的男装礼服衬衫演变而来，并借鉴了其独具特色的设计特征。这种造型的连衣裙带有标准着装的正式感，尽管如此，它仍可以表达休闲以及女性借穿男友服装的别致风格。硬挺的胸前装饰育克和翻折式的袖口是其显著的设计特征。长袖可以卷起以体现休闲感。无领或有系扣的翼形领都可以塑造出这一外观效果。

装饰衬领、可拆卸的翼形领、袖扣、饰纽可使服装造型更具礼服风格。褶裥、细褶、花边编织可用来装饰衬领，胸前装饰衣片的正下方可装拉环。伦巴风格的褶边可以用来装饰衬衫门襟的两侧。刺绣可带来更具装饰性的效果，字母组合可用来取代徽标设计。

曲线形的衬衫下摆及侧开衩可用来设计不同的底边，裙长可以短而性感，也可以长裙及踝、量感十足。细条纹面料、白色硬挺面料或棉质面料都可以重塑其美学风格。而不同的造型和细节与丰富的色彩和版型混合搭配，可以实现具有颠覆性的设计效果。燕尾服与衬衫造型的综合运用可塑造出更加现代和抽象的服装外观。

奇异的羊腿袖衬衫裙搭配夸张的袖口。具有对比效果的横条纹面料如同一件分体式的马甲。高翻领设计并呈弧线形向外展开。迷你裙长度的底摆侧面设计有开衩并装饰有单色镶边。

上衣的镂空蕾丝裁片灵感来源于传统的礼服衬衫，为正式感的造型增添了女性气质。

衣领和前衣片还可以设计为：弧线形的胸前装饰和具有造型感的腰线。

典型特征
☑ 从男式正装礼服衬衫和晚宴服演变而来
☑ 硬挺的胸前装饰育克
☑ 翻折式袖口

1.上衣的衬衫领与西装外套式的大翻领相结合。臀部的褶皱衣片向下延伸为直筒裙。2.直筒造型的衬衫裙设计有弧线形的低领口和异色袖口。可拆卸的立领和胸前装饰围裹后系于颈部。3.透明的衬裙设计有单色的衣领、袖口和裙摆滚边。层叠的礼服背心式前衣身设计有圆形剪裁的装饰短裙以及自门襟倾泻而下的瀑布纹褶边。4.黑白两色的西服和衬衫细节来源于男性化的正装连衣裙。相对的驳领塑造了V形领口。5.有细褶的装饰衬领和有拉环设计的门襟定义了这件无袖低腰连衣裙。6.紧身无袖上衣设计有异色的胸前装饰裁片，系扣门襟开至腰线。7.叠襟设计的衬衫裙装饰有翻驳领和低开的领口。纵向的贴边口袋缝制于衣身上部，与驳领的裁剪风格相呼应。8.胸前育克与圆形的衬衫式下摆体现出男装礼服衬衫的造型。异色的立领、门襟和袖口设计。

> 男性化造型的不对称礼服衬衫裙，前中门襟两侧的设计特征截然相反。左侧的设计比例夸张，不贴合身体，衣服从肩部下落，垂至地面，这一款式造型探讨了服装的比例与合体性。

被颠覆的衬衫设计元素组合而成的棉质束腰连衣裙。胸前装饰跨越腰线，延伸至有盖贴袋、门襟和立领。设计师运用肤色网眼织物作为底色，使服装的肩膀和背部呈现出透明感。低胸造型将女性化和男性化的设计特征融合在一起。

传统的夜礼服设计细节被颠覆之后运用在身体的不同位置，塑造出这件有趣的服装。层叠使用具有对比效果的透明和不透明面料使整个设计更加完整。

直筒造型的公主缎连衣裙，具有对比效果的透明镶嵌裁片强调了款式线，与夸张的翼形领相呼应。

解构衬衫的抽象特征和层次感塑造了这件独具创意的连衣裙。尽管不符合设计惯例，衬衫的设计元素仍可以识别出来。重复的设计手法加强了传统男式衬衫的符号特征和价值。上浆、黏合与衬里的有效使用塑造出具有雕塑感的服装廓型。

太阳裙（SUNDRESS）

　　太阳裙是衣橱中一种用途广泛的必备款式，它可以在不同场合之间转换，在日间和夜晚穿着都很理想。太阳裙有众多设计样式，不同品味的人都能从中选择到适合自己的一款。它是所有春夏服装系列中的重要组成部分之一。

　　这件数码印花的太阳裙设计有紧身的罩杯上衣，宽肩带构成了鸡心形领口线，褶皱裙摆造型饱满。罩杯与裙腰两侧相连，露出正面身体。裙摆的单色横条面料打破了印花的繁复感。

设计背景

明亮的颜色和大胆的印花最能代表20世纪60年代的潮流与风格。这两件莉莉·普利策设计的直筒太阳裙就具有这样的时尚元素，并且适合富有的社会名流在温暖的气候中度假时穿用。与之搭配的同色系头巾完美地诠释了这一造型。

作为旅行的必备单品，太阳裙实用且易于打理，可以在温暖的气候中穿着一整天。无论是长裙还是短裙，都适于印制醒目的印花，或设计成单色款式搭配首饰在夜晚穿用。为了使穿着者在炎热的天气里感到凉爽，太阳裙采用轻盈的针织或梭织面料制作而成，通常采用适合春夏季节的天然纤维材料。卸下肩带的太阳裙在白天可以衬托小麦色的皮肤，而在夜晚凉爽的时候，则可以搭配披肩穿用。一系列丰富的造型，搭配不同的领口、袖子和底边，令太阳裙成为适用于大部分场合的时装款式。

据说太阳裙起源于20世纪50年代的棕榈海滩。美国社会名流莉莉·普利策出于掩盖制作橙汁时撒在衣服上的污渍的需要而发明了太阳裙。这种裙子色彩丰富，丝毫看不出污渍的存在，从而大受欢迎，由此开启了莉莉作为设计师的时尚生涯。

著名美国设计师克莱尔·麦卡德尔的设计理念也很注重功能性。这位成衣设计师在20世纪30-50年代生产简单、平价、适合大多数体形穿着的服装。她尤其偏爱明亮的棉质格纹太阳裙，这是一种有着吊带领上衣的宽摆连衣裙，搭配腰带时可以显示出女性化的体型特征，不系腰带时各种体形的人皆可穿用。

在英国，成衣时装公司Horrockses开始生产典型的50年代英式太阳裙。这种裙子反映了当时社会的乐观主义情绪，采用了明亮的花朵图案和醒目的条纹图案印花棉布，设计有紧身上衣和饱满的裙摆。与之形成对比的是，艾米里欧·璞琪采用轻薄的面料和炫目的迷幻印花掀起了一股时尚浪潮，摒弃了在当时常见的厚重面料和花朵印花。这些革命性的新设计适用于轻盈的丝质针织面料和雪纺面料，由此制作而成的夏日海滩装和晚装连衣裙成为当时度假服装中的必备款式，被伊丽莎白·泰勒和玛丽莲·梦露等电影明星所推崇。

艾米里欧·璞琪在20世纪60年代因其身着明亮的几何印花裙而闻名，这一款式穿着方便且舒适。这件土耳其长衫式的太阳裙非常适合在炎热的海滩和城市中穿着，同时具有别致的异域风情。

设计要点

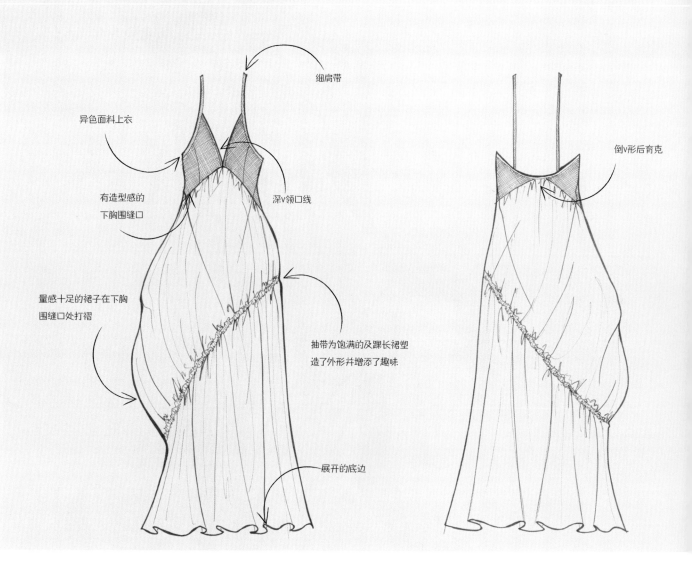

细肩带

异色面料上衣

有造型感的
下胸围缝口

深v领口线

倒v形后育克

量感十足的裙子在下胸
围缝口处打褶

抽带为饱满的及踝长裙塑
造了外形并增添了趣味

展开的底边

影响： 太阳裙的设计受到许多异国旅行元素的影响，如土耳其长衫、和服和纱丽等，皆用于在炎热气候的文化背景和环境中穿用。

实用性： 由于太阳裙需要在温暖的天气里穿着舒适，实用性成为其重要的设计要点。太阳裙的用途广泛，容易携带，不

易起皱，适合假日旅行。它可以作为白天的休闲着装，也可以搭配首饰在夜晚穿着。

廓型： 太阳裙一般为无袖、无肩带或有细肩带的设计，长度从超短到及踝长裙有多种变化。从衬裙风格获取设计灵感，太阳裙通常为斜裁，包裹身体，采用的梭

织面料有一定的弹性。或者可以设计得宽松而肥大，使空气可以在裙子内部流通，有遮挡阳光的效果，宽松地下垂避免贴合身体。褶皱和层叠效果也是普遍的设计特征，可以塑造裙子的量感和廓型。

扣合件： 由于太阳裙有时穿着于泳装之外，通常很少使用扣合件。合体性可通

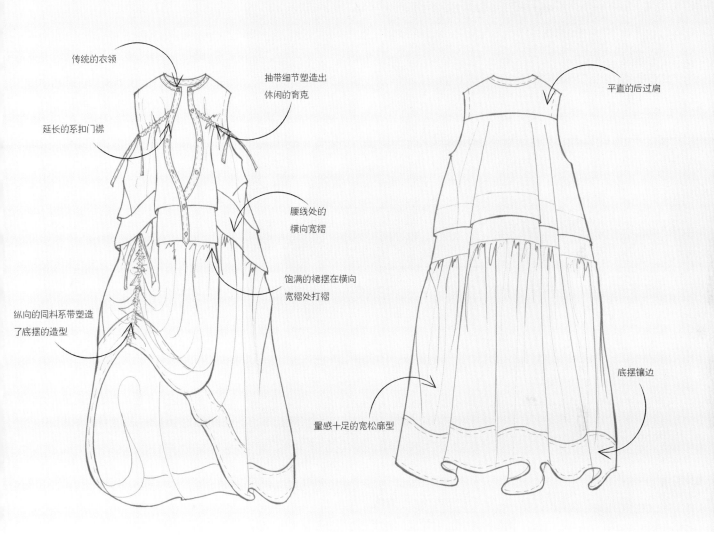

传统的衣领

抽带细节塑造出
休闲的育克

延长的系扣门襟

腰线处的
横向宽褶

纵向的同料系带塑造
了底摆的造型

饱满的裙摆在横向
宽褶处打褶

量感十足的宽松廓型

平直的后过肩

底摆镶边

过使用抽褶、刺绣装饰和束带获得。

上衣： 太阳裙的设计经常受到胸衣和紧身束衣的影响，以一体式的文胸勾勒出胸部轮廓。孔眼、花边、钩扣等细节常被应用于上衣的设计中。

面料： 面料通常采用轻薄柔软的梭织面料，透明质地、半透明质地和不透明质地的面料皆可采用。这些面料主要含有棉、亚麻、丝绸等天然纤维以保证其透气性，尽管如此，也经常使用具有抗皱效果的新型人造纤维。新技术研发出具有防晒和芯吸性能的面料，增添了这一款式的功能性。

季节性的造型： 太阳裙设计有明亮的色彩和醒目的印花以显示其季节性的风格特征。刺绣、钉珠、花边、饰边等装饰可赋予太阳裙波西米亚的风格。太阳裙可以采用围裙装的层叠造型或与针织衫、外套和紧身裤袜搭配来适应不同季节的需要。

太阳裙

太阳裙是为在温暖气候中穿着而设计的非正式连衣裙，它由印花或单色的轻薄棉布或混纺棉面料、凉爽而透气的亚麻等天然纤维面料制作而成。由于太阳裙与度假和异国旅行联系在一起，强烈的阳光使人们更加乐于尝试明亮的色彩和印花，采用的面料从精致的碎花到醒目的几何图案等各具特色。装饰和刺绣是重要的设计细节，可以塑造出充满异域情调的民族风格。

太阳裙通常为开领、无袖并设计有精致的细肩带，露出肩膀、手臂和背部，非常适合于海滩漫步或搭配泳装。常采用锁孔式的背部扣合方式，搭配纽扣和纽袢或设计有左侧隐形拉链。

领口线可设计为鸡心形、吊带式、U字或V字形。为方便打理、穿着简单舒适，可以通过运用省道、斜裁和褶皱的方式塑造裙形，裙子可套头穿着、无须系扣。太阳裙的长度从超短到及踝长裙有多种长度可供选择，适合所有年龄和体形的人群。

V形领、无袖直筒迷你连衣裙。简洁的造型适合有精致细节的面料。

领口还可以设计为：方形领口、宽肩带和蝴蝶结设计。

20世纪70年代嬉皮风格的曳地太阳裙。高腰的上衣装饰有花边和刺绣，显示出多元文化的影响。腰带处的褶皱塑造出饱满的裙摆，与波西米亚式的美学风格相呼应。

典型特征
☑ 采用天然纤维制成的轻薄面料
☑ 大胆的色彩和印花
☑ 有精致肩带的无袖设计
☑ 多种长度和领形
☑ 宽松休闲的外形

1.富于流动感的丝绸面料塑造出量感。平直的领口线、简单的肩带和单纯的色彩与颈部华丽的装饰之间取得了视觉上的平衡。2.A字形、无袖船形领直筒裙。下胸围同料的饰带点缀了上衣。3.落肩领口线与异料衣领的设计细节。由胸部开至腰线的省道塑造了廓型。4.充满活力的太阳裙设计有紧身上衣和异色的蕾丝圆形裙摆。胸部的横向款式线塑造了类似育克的造型细节，将两种相互冲突的色彩运用到一起。5.层叠下垂的面料与温暖的色彩突显出印度风格的丛林印花，具有浓郁的异国情调。6.有滚边的斜向领口线延伸至肩带，塑造出结构简约的纱笼风格太阳裙。7.U形领口无袖太阳裙。一分为二的肩带设计为简单的造型增添了趣味。8.背心形的上衣塑造出这件休闲而易于穿着的服装。复杂的镂空面料为饱满的裙摆增添了趣味。

1.一定长度的细棉布经过折叠和打褶自一侧袖窿至对侧肩带斜向穿着。多余的面料构成了打褶的袖子。2.简单的A字形迷你连衣裙。牛仔面料显示出工装风格，而上衣的双层褶边却营造出柔软的感觉。3.鸡心领高腰太阳裙，裙摆打褶。对比色的镶边点缀了领口、腰带、系带和底边。4.方便穿着的太阳裙设计有帝国式结构线、围裹式上衣、柔软的打褶迷你裙向外展开。5.无袖太阳裙设计有贴合曲线的上衣和一体式的胸托。造型简洁，大胆的印花图案布满衣身。6.无袖迷你连衣裙有着层叠的褶皱底边。领口附近的圆形切口装饰有异色饰带。7.牛仔面料拼缝的迷你太阳裙，双针缝纫和对比色的缝线受到西部风格的影响。8.几何形的模板印花与裙子背部的镂空设计和肩带相呼应。

9.紧身宽摆太阳裙，方形领口线形成了肩带和育克。衣片的缝口用色彩明亮的滚边加以强调。10.装饰短裙和鱼尾形的底边塑造出维多利亚风格的廓型，衬托出沙漏形的身材。11.及踝宽松式连衣裙，裙子夸张的量感由臀部开始增加。两侧的口袋与衣身宽大的比例相衬。12.轻盈的棉质长裙。内置的文胸与鸡心形的领口线为无肩带的上衣带来结构和造型感。13.饱满的裙摆与文胸式的上衣相连并打褶。构思巧妙的版型和裁剪最大程度地展现了印花图案。14.紧身上衣、有着曲线形装饰短裙的铅笔裙。围兜式的前身衣片缝入腰缝，塑造了上衣的领口线。15.雪纺吊带领太阳裙，深V形领口延伸至手臂，塑造出落肩效果。16.这件太阳裙的设计建立在简洁的纱笼和手帕裙造型之上，矩形的折角设计成吊带。

>层叠的短溜冰裙与低腰上衣相连，抽带和褶皱塑造出柔软的宽松式效果。领口处的褶边一侧长及腰部，显示出农装风格。棉质薄纱塑造出层叠的荷叶边效果。

紧身上衣太阳裙，打褶的下摆向外展开。鸡心形的领口、宽肩带和罩杯设计为典型的20世纪50年代风格。褶皱延续至臀部和背部，保证了前衣身平整、漂亮的造型。

层叠而饱满的草原风格（游牧风格）喇叭裙与方形领口的无袖紧身上衣形成对比。圆形剪裁的装饰性褶皱短裙强调了腰围线，底摆层叠的大印花与衣身繁复的印花形成互补。

V形领紧身宽摆无袖太阳裙，吊带式肩带由腋下侧缝延伸至颈后。前中领口处的蝴蝶结起到了女性化的装饰作用。轻盈的梭织面料裙摆展开至膝盖以下。

斜向缝合的衣片塑造了硬挺的结构感，显示出折纸风格的折边和褶裥。扎染印花延续了这一主题，呼应了三维立体的折纸衣片造型。

漂亮、轻盈的棉质迷你连衣裙，20世纪70年代复古风格的几何印花。衣领、门襟和口袋的钩针编织花边延续了其复古风格。

这件连衣裙在设计上受到日式折纸和包装设计风格的影响。水平和垂直线条穿过前衣身和腰带，运用缎带和束带将身体包装起来。肩部的异色饰带体现出强烈的工装风格。

简洁的A字无袖直筒连衣裙设计有圆形领口、前中门襟和深挖的袖窿。简单的造型衬托出棉质连衣裙醒目的花朵印花图案。

1.异色色块强调出连衣裙的比例。下落的腰线掩饰了身体的轮廓并使其显得更加修长。2.工装风格的连衣裙穿于无袖背心之外，带来具有运动感的轮廓和造型。3.连衣裙宽大的比例掩盖了身体，在育克和底摆打褶。上衣体现出抹胸式的围裹效果。4.曲线形的大褶边前短后长，在上胸围育克打褶并塑造了量感，与下面的合体造型形成鲜明的对比。5.精致的太阳裙，上衣缝口为Z字形，显示出强烈的夜礼服风格。底边的造型亦与之呼应。6.轻薄的棉质及踝太阳裙装饰有夏威夷图案的印花。大圆领无袖设计，腰部有系带。7.这件连衣裙的花朵印花面料为斜裁，设计有斜向腰线和育克。缝入腰部的瀑布纹式的衣片自然下垂形成衣褶。8.黑白色的连衣裙，修身的衣片塑造出苗条的效果。文胸式的上衣设计为低开的鸡心领轮廓。

罩衫裙

罩衫裙从英国农民和牧羊人所穿着的传统保护性工作服演变而来。罩衫裙通过装饰手法来体现个性，其设计起源通常与地域、家庭及穿着者的职业相关。

传统的罩衫裙由亚麻或羊毛制成，其造型为宽大的T字形，长度到膝盖或小腿，常设计有短门襟、圆形袒领或衬衫领。上衣和肩部多余的面料制作成活褶，并以同色系的亚麻线作刺绣装饰。刺绣装饰具备一定的弹力，方便衣服的穿脱。罩衫裙具有双面穿着的特点，弄脏衣服后可将衣里外穿。罩衫裙也适用于绘画和捕鱼等工作，大口袋可以用来放置工具。

罩衫裙在童装领域广泛使用，并作为洗礼仪式的传统服装；它也是孕妇服的理想造型。在主流的女装设计领域，罩衫裙改为采用轻盈的棉、麻、丝绸面料，并以更加现代的异色线作刺绣装饰。罩衫裙经过数十年的演变，更具波西米亚风格，被20世纪70年代的嬉皮士所喜爱。现在也采用刺绣工艺来装饰袖子、袖口等需要打褶的部位。

典型特征

- ☑ 宽大的T字造型
- ☑ 长度及膝或到小腿
- ☑ 圆形袒领或设计有短门襟的衬衫领
- ☑ 上衣和肩部的活褶设计
- ☑ 褶裥、抽褶和刺绣装饰

有弹力的宽大领口和盖肩袖设计，袖子可落肩穿着。连衣裙的胸围以下有两层裙摆。外层裙摆的正面开口露出异色印花的衬裙。

上衣还可以设计为：有弹力的细肩带和刺绣装饰的帝国式上衣。

白色头巾搭配具有流动感的长罩衫裙，裙子设计有领口抽褶和侧面开衩，体现了20世纪60年代流行的希腊式度假风格和充满异国情调的田园风格。人们可以将其与阳光照耀下的白色希腊建筑群和澄明的蓝天联系在一起。

1.肩部的面料镶边延长了育克，造型如同盖肩袖。育克裁剪至胸围线以上，裙子在育克缝口处打褶。2.方形领口直筒太阳裙。衣身前中精致的细褶延伸至臀围线。3.这件面料饱满的太阳裙在肩部一侧打褶。4.侧面的抽带为裙子增添了量感。

设计有大口袋的半面裙系于腰部。5.上衣使用了多个纵向细褶，使胸、腰合体。扭结的面料形成了肩带，塑造了夸张的鸡心形领口。6.打褶的松紧设计让领口具有弹力。量感丰富的插肩袖，袖口打褶并有弹力，与宽大的衣身相呼应。7.由颈部开始

的褶裥塑造了裙子的造型和肌理，并改变了印花图案的外观。8.A字形的上衣和低腰线以下饱满的裙摆塑造出量感丰富的廓型。喇叭袖设计呼应了整体的造型。

衬裙式连衣裙

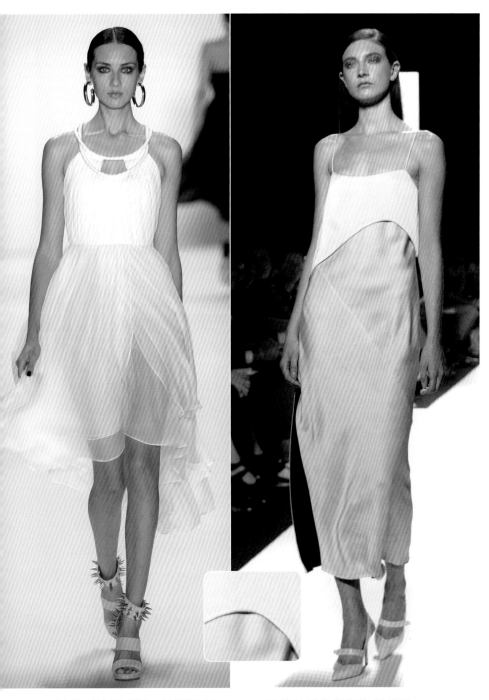

受到内衣造型和风格的影响，衬裙式太阳裙由轻盈的棉麻面料制成，通常为斜裁并设计有细肩带和花边装饰。

从20世纪20年代紧身、透明的女式衬裙到装饰有马德拉刺绣、层叠裙褶的西部风格草原衬裙，衬裙这一风格受到源于历史的多种设计因素的影响。一些亚文化也采纳了衬裙风格作为其标志性服装，从20世纪50年代摇滚音乐硬挺的网眼织物衬裙，受维多利亚时代新浪漫主义影响的荷叶边褶皱设计，到令人毛骨悚然的哥特式丧服，皆是如此。

每隔10年，服装设计师们都重新演绎着内衣外穿的潮流，20世纪80年代麦当娜让这一风格流行，如今这些花哨的设计已变得更加蓄而浪漫。现代的衬裙风格融合了内衣的设计特征，如面料、版型和装饰手法，并且不受长度的影响，从超短裙到长裙都可以采纳。领口可以是V领、鸡心领、吊带领等，设计风格可以庄重或充满诱惑力。这一款式与西装或针织服装搭配十分理想。

希腊风格显而易见，裙子的两个圆形颈圈作为折叠、围裹、缝制面料的基础。层叠的蝉翼纱呈现出不同程度的透明感，同时塑造了不同长度的底边。辑线的腰带固定了面料并强调了腰线。

这件丝缎太阳裙为斜裁设计，塑造出修身的合体性。异色而硬挺的外层衣片柔和地包裹身体，由下胸围延伸至背部。细肩带小心翼翼地撑托起整件连衣裙。

典型特征
☑ 受到内衣风格的影响
☑ 常用斜裁的棉、麻、丝绸面料
☑ 细肩带和花边装饰

1.腰带和褶皱的底边为横向条纹设计。上衣和裙摆的面料则改变了条纹方向，为纵向设计。**2.**修身的斜裁连衣裙，裙摆由臀围线开始略微展开，上衣为垂褶领和细肩带设计。**3.**这件长连衣裙设计有紧身上衣和鸡心形领口线。胸衣罩杯和肩带设计

让人联想起泳衣风格。**4.**全部采用蕾丝面料制成的太阳裙设计有紧身上衣和长及小腿的饱满的少女式裙摆。裙子裁片的拼合方式塑造了从臀围展开到底边的裙摆。**5.**肩带设计延伸至腰带，在上衣的前中勾勒出心形的衣片造型。**6.**精致的迷你连衣裙

设计有方形的领口线，与衣身横向的多种花边装饰相呼应。**7.**面料的纵向条纹强调了这件简洁的迷你连衣裙的直筒造型。底摆紧凑的圆形剪裁褶边增添了趣味。**8.**手绘的图案布满了这件复古风格的衬裙式连衣裙，表面的装饰是在裙子缝合之后添加上去的。

>斜裁和嵌入的蕾丝面料在裙子的前后塑造出V字造型。领口同样采用了V字形，蕾丝面料缝制在育克的位置，领口装饰有粉色的丝质滚边，手帕裙式的底摆也采用了粉色的丝绸面料。

这件长及小腿的太阳裙通过运用足量的真丝雪纺面料塑造出空灵的效果。吊带领和独特的细肩带塑造出简洁而现代的造型。连衣裙自领口开始为圆形剪裁，量感丰富的裙摆前短后长。

这件连衣裙自低腰线至底边设计有开衩，缝入的斜裁三角布塑造了展开的底边。面料格纹方向的改变增添了设计趣味。低开的领口和袖窿处的编织装饰强调了衬裙式女装的风格特点。

放射褶面料上的缝线处理塑造了合体的腰部，多余的面料折叠后形成了蓬腰衫效果。精致的滚边装饰了领口和袖窿，同时构成了细肩带。

手帕裙式底摆和流苏饰边塑造了不对称的外观，醒目的印花和丝绸面料的使用体现出复古披肩的效果。斜裁的方法避免了使用胸部分割线，上衣的贴边塑造了流线型的领口。精致的细肩带系于肩部，成为一种装饰。

　　简洁的无袖外衣式连衣裙采用了具有现代感的花朵图案面料。激光剪裁的花朵图案经过热密封后夹在两层蝉翼纱之间，塑造出兼具趣味与现代感的花朵印花图案。

　　上衣和肩带为一体式剪裁，同料的蝴蝶结强调了不对称的V形领口。下胸围的斜向缝口与不对称的圆形褶边底摆、领口之间取得了视觉上的平衡。一个较小的圆形褶边蝴蝶结与领口细节相呼应。

　　典型的娃娃衫风格的太阳裙采用真丝雪纺面料制成。与文胸式上衣相连的单色肩带呼应了明亮的印花设计。裙子设计有衬里，雪纺裙摆在下胸围缝口处设计有少量褶皱，裙长及膝。

1.有弹力的衣身线条细节定义了身体的轮廓。弹力的衣褶设计延伸至臀部，塑造了低腰线。2.透明的修身太阳裙。领口、臀部和底边的单色圆形剪裁荷叶边与有装饰效果的面料形成对比，增添了一定程度的庄重感。3.简单的无袖及踝连衣裙，V形领口设计，适合装饰富有层次感的刺绣饰边。4.醒目的定位印花是构成这件简洁的直筒太阳裙的设计焦点。精心制作的串珠饰边与裙身印花相呼应。5.放射褶雪纺中长连衣裙设计有精致的细肩带和有弹力的宽松腰线。6.马德拉刺绣蕾丝连衣裙，上衣和底摆的边缘为扇贝形。裙子为直筒剪裁，深色缎带用于强调高腰线。7.裙子由细肩带支撑，领口的褶皱形成挂帽领下垂至臀围线，衬裙垂至底边。8.无袖U形领太阳裙，不对称的结构线与裁片的量感塑造了衣服的悬垂感。

纱笼裙

纱笼裙的起源可以追溯到南亚地区，最初用来形容在马来西亚、印度尼西亚以及太平洋岛国男女皆可穿用的一种下装。这种服装通常由一定长度的面料制作而成，面料上装饰有图案、异色编织或经染色处理。图案一般由蜡染和纱线扎染的方法获得。与印度的纱丽相似，它是由一定长度的面料通过围裹身体而形成的服装。这种时装风格主要运用于沙滩装的同时，也在主流的盛夏时装品类中占据了一席之地。通过模仿纱笼裙的围裹技巧，设计师巧妙地将纸样设计和立体裁剪等方法运用到服装结构设计当中。

纱笼裙的造型别具一格，有时露出肩部或围裹后在底边开衩露出腿部。领口有吊带领、无肩带等多种设计方式，裙长可以从及膝至长裙。纱笼群的饰边和镶边设计具有传统服装的风格，醒目的图案和强烈的色彩使其具有太阳裙的部分特点。

纱笼风格的太阳裙主要用于度假旅行，也可以在日装和晚装之间进行转换。搭配耀眼的珠宝和平底凉鞋可使这一简单的服装款式更具时尚魅力。

这条长及脚踝的雪纺纱笼裙设计有不对称的系结领口，露出肩膀和手臂。裙子由褶皱的领口倾泻而下，裙摆微微展开。腰部简洁的滚条系带点缀了整体造型。

闪亮的金属薄片突显出深开的领口，动物印花图案的大小随着裙摆的幅度逐渐变化。

典型特征
☑ 模仿传统纱笼的系结和围裹技巧
☑ 露出肩部和腿部
☑ 醒目的印花和强烈的色彩

1.传统的扭结式领口和不对称的臀部系结让纱笼风格更为明显。2.印花设计勾勒出无肩带的上衣和A字形轮廓，服装的设计只为衬托印花图案。3.这条连衣裙很好地展现了数码印花图案，没有特别的裁剪样式与胸部分割线。裙子设计有V字形肩带。4.深色的宽肩带缠绕身体，将面料固定在相应的位置，塑造出具有解构效果的服装造型。5.半紧身设计的烂花及踝长裙，搭配曲线形的无肩带领口和打褶的领座。6.夸张的垂褶领上衣为斜裁设计，衣褶垂至低腰线。腰线处设计有异色系带镶边和外置的口袋。7.吊带领和倒V字形的育克撑托起量感丰富的及地长裙，衣片的设计塑造出余量和摆围。8.吊带领太阳裙，面料围绕身体后缝入侧缝，体现出纱笼造型。

溜冰裙

超短裙长度的溜冰裙受到20世纪50年代美国溜冰服装的影响，有着年轻、甜美的外观和富于挑逗性的风格特征。这一造型通常定义为紧身上衣、腰部缝口、展开或打褶的裙摆；尽管如此，紧身宽摆造型可以通过缝入三角布或以圆形剪裁的方式获得。裙摆可以设计为箱褶、倒箱褶、放射褶或顺褶等，并与腰部缝口或育克相连。永久性的褶裥可以通过在人造面料上进行热压处理获得。柔软的碎褶设计也是不错的选择，可以制作出不同长度的层叠效果。上衣和领口的造型选择不多，通常为无袖，也可以设计为短袖或七分袖。

这一造型的太阳裙造型常设计有衬裙，它可以使裙摆看上去更加饱满，并塑造出更夸张的廓型。柔软的梭织或针织面料适用于这一款式的设计。尽管女性化造型占据主导地位，溜冰裙也可以有运动风格的设计形式，诺玛·卡玛丽（Norma Kamali）在20世纪80年代的设计就很具有代表性。

紧身上衣、宽束腰带和展开的短裙都是溜冰裙造型的典型特征。曲线形的鸡心领口位置偏高，有前中开口作为强调。箱形褶的一端轮廓清晰地折向腰部，另一端柔软地垂至底边，裙摆边缘的活褶对折后形成了裙子的衬里。

高腰无肩带上衣，正面衣身有造型设计，领口缝入蝴蝶结。层叠的衬裙为打褶的裙摆增添了摆围。复古风格的花朵印花和镶边与格纹衬裙和编织装饰形成对比。

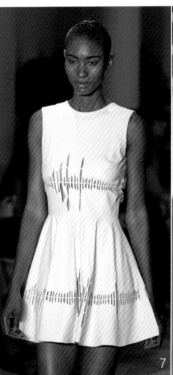

1.围裙装式的前围兜设计有吊带领和腰带，强调了沙漏形的体态。轮廓清晰的箱褶缝入腰带，与柔软的对折底边形成对比。2.上衣在腰带处打褶，侧缝处的镂空设计让腰部看上去更纤细。褶皱的裙摆和层叠的衬裙底边让溜冰裙造型更加完整。3.极简的超短连衣裙，裙摆为斜裁设计。紧身上衣设计有内置文胸以撑托胸部、塑造乳沟。4.横向的糖果色条纹印花强调了饱满的裙摆。省道塑造的结构线呈一定角度自腰部向上延伸至胸部。5.无袖的低腰上衣设计有鱼骨以撑托胸部。6.U形领、落肩和袖子的系带设计都增添了这一造型的复古风格。7.设计有公主线的紧身上衣超短太阳裙。纵向的激光裁剪设计增添了趣味感。8.紧身开领上衣采用了繁复的碎花面料，与褶皱裙摆的大印花形成对比。

茶会裙

没有什么能像印花茶会连衣裙一样成为夏季的缩影。下午茶作为富裕阶层的一种时尚追求，被较低收入的社会阶层当作梦寐以求的社交活动逐渐接受。享受下午茶需要全新的衣橱装备，而茶会连衣裙就成为这种仪式的重要标志。茶会风格超越了时尚潮流的限制，不断地被设计师采纳并运用到当季的服装设计当中。茶会裙作为太阳裙的多种着装用途以其丰富的历史背景使其在保持复古风格的同时也可以不断地重新塑造。传统意义上的茶会连衣裙为紧身宽摆造型，有时为斜裁设计，可以有多种不同的上衣、衣领和领口造型。底边通常至膝盖或小腿，也可以设计成迷你裙来迎合年轻市场。

漂亮而有女人味，茶会裙造型的太阳裙款式由轻盈的梭织面料制成，通常印有花朵图案、几何图案、涡纹和多种图案的组合同样适用于这一经典造型。刺绣和蕾丝花边常用来装饰上衣，包扣和纽襻也是重要的设计特征。褶边和圆形剪裁的荷叶边也可用来增添设计趣味。上衣的设计以细褶、柔软的胸部褶皱和下胸围缝口强调出女性化的风格特征。半系的腰带可以缝入侧缝，在背部系成蝴蝶结增添趣味感。侧缝和背部的拉链是普遍的设计特征，保证了茶会裙的装饰趣味集中在正面衣身和袖子上，毕竟其最佳的观赏视角是在茶桌的对面。

紧身上衣设计有胸省、大V领和盖肩袖。A字形裙摆造型长及膝盖，侧缝处设计有隐形拉链。挺括的中厚梭织棉布印有漂亮的印花，不对称的腰带与印花相呼应。

V字形的领口线将视线吸引至前中衣缝和大腿处的开衩。裙子设计有曲线形的腰部育克，与领口造型取得了视觉上的平衡。

上衣和袖子还可以设计为：围裹式的前衣身搭配和服式的短袖。

典型特征
☑ 紧身宽摆造型或自然垂下并点缀褶皱
☑ 漂亮而有女人味
☑ 长度及膝或到小腿
☑ 柔软的梭织面料，碎花或圆点印花

1.基本的半合体造型设计有短袖和含蓄的A字形裙摆。别致的大口袋增添了设计趣味和戏剧性的效果。2.颈部交叉的肩带形成了吊带领。暗色调的外层印花真丝雪纺面料衬托出女性摇曳生姿的美感。3.精心制作的珠绣领口和几何形的刺绣图案点缀了这一简洁的紧身宽摆造型。色彩明丽，充满夏日气息。4.蕾丝花朵贴花塑造了精致的三维立体造型。简洁的领口及A字形的裙摆与繁复的装饰之间取得了视觉上的平衡。5.奶油色深V领高腰太阳裙，斜向裁剪的衣片装饰有红色镶边。红色与海军蓝色条纹的腰带体现了旗帜风格的影响。6.碎花衬衫裙设计有荷叶边领口、具有装饰效果的蕾丝肩部育克和底边。7.连衣裙设计有大领口、前系扣和短泡泡袖。彼得潘领、上衣和口袋的蕾丝贴花装饰为整体造型增添了一丝怪诞气息。8.互不协调的复古印花组合塑造出折衷风格的层叠效果。

针织裙（KNIT DRESS）

无论是修身还是宽大的造型，针织裙已成为一种重要的时装品类，跨越了从运动装到晚装等品类之间的诸多界限。

粗针双排扣外套式连衣裙，短泡泡袖设计，搭配同线编织的细长系带。华丽的凸条花纹翻领装饰有荷叶边。膨鼓式的裙摆设计强调了腰身。服装的造型由钩针编织的方法构成。

设计背景

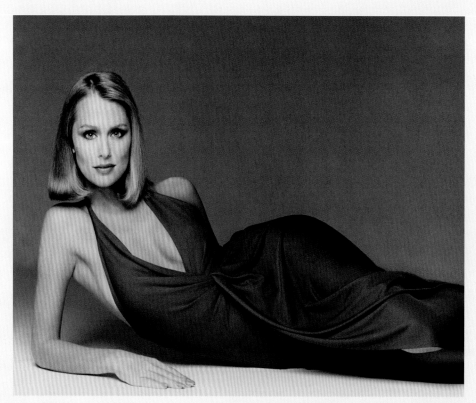

模特劳伦·赫顿（Lauren Hutton）的衣着体现出性感的20世纪70年代风格，设计师霍斯顿（Halston）以其精致简约的针织服装而闻名。在这幅照片中，赫顿身穿的丝质针织裙设计有吊带领，面料在胸围以下作扭转处理，裙摆设计有高开衩。

科技的革新与针织工艺的创新使针织裙从最初的内衣款式演变为时装T台上的主流产品。针织工艺赋予服装流畅的伸缩性，使面料可以延展、回弹并方便身体活动，这意味着针织单品可以作为休闲的运动服装穿着，也可以用作实用的日装或修身且亮丽的晚装。

20世纪20年代休闲的服装造型使束腰外衣式针织服装得以产生。玛德琳·薇欧奈创造的斜裁技术利于展示身体的曲线，这一方法在30年代开始应用于针织裙的设计。物尽其用的40年代鼓励女性手工制作针织裙，裙子的版型和样式可以在出版的杂志中找到；与之相对的是，同一时期好莱坞正在流行迷人的及地针织晚宴裙。可可·香奈尔的两件套设计成为这一时期的缩影，她的时装系列中经常有针织连衣裙的出现。

到了多姿多彩的60年代，紧身套头针织裙在玛丽·匡特的伦敦时装系列中有着集中体现，同时期活跃的设计师还有巴黎的多罗蒂·比斯与索尼娅·里基尔。80年代，女性在健身房穿着的紧身服装鼓励设计师设计紧身针织连衣裙，设计灵感来源于紧身束衣，如阿瑟丁·阿拉亚;诺玛·卡玛丽则推出了运动风格的针织面料连衣裙。在英国，Bodymap公司和潘·霍格设计了具有舞蹈风格的针织面料连衣裙。

90年代，川久保玲、渡边纯弥、山本耀司和三宅一生等日本设计师推动了针织裙设计的发展。在三宅一生的A-POC系列中，每件服装以一块布制作而成。

舒适与灵活是针织服装最具吸引力的特征。图中的针织裙设计为亨利衬衫领，窄青果领短外套方便身体活动，整体塑造出修长而迷人的贴身效果。

设计要点

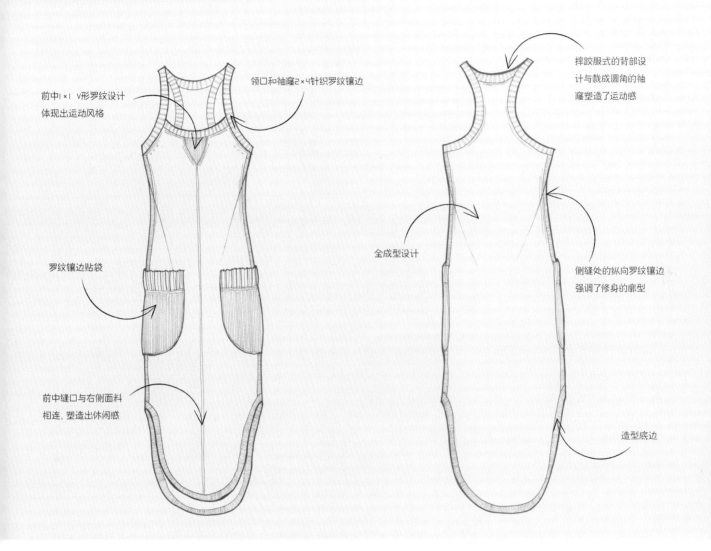

前中1×1 V形罗纹设计
体现出运动风格

领口和袖窿2×4针织罗纹镶边

罗纹镶边贴袋

前中缝口与右侧面料
相连,塑造出休闲感

摔跤服式的背部设
计与裁成圆角的袖
窿塑造了运动感

全成型设计

侧缝处的纵向罗纹镶边
强调了修身的廓型

造型底边

多样性： 针织裙的多样性为设计表达提供了广阔的空间，其弹性与梭织面料相比更具有可塑性。服装造型可与设计细节、结构、纹理和装饰一起考虑，不再需要省道与其他塑型方式。

表面装饰： 嵌花、提花、费尔岛式、绞花、网眼、织编、钩编、流苏花边和染色等技术的应用为服装版型和表面装饰的

设计提供了多种可能性。

面料： 针织面料的制作过程多种多样，或手工或机织，因此针迹结构和表面肌理效果也丰富多彩。面料类型包括：毛毡面料、起绒织物、罗纹织物、单面或双面针织面料、光面织物、双反面针织物、泡泡织物等。

质量： 针数的变化决定了面料的克重

以及针织结构的密度。纱线的成分，如人造纱线、天然纤维纱线、混合纱线以及不同的后整理方法，为表现织物纹理、褶皱和手工编织提供了多种可能性。毛圈或粗节花式线可为服装增添肌理和色彩；染色工艺，如间隔染色，可以塑造出纱线蜡染的效果。

全成型： 全成型针织服装的设计和造

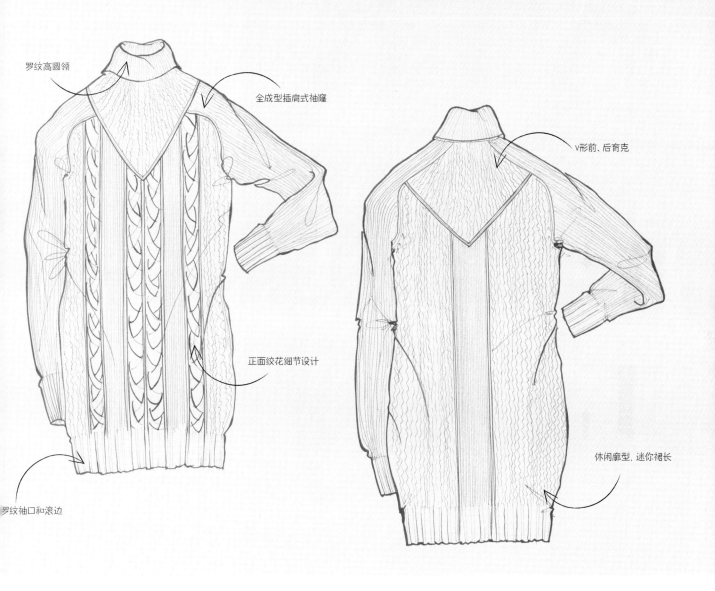

罗纹高圆领

全成型插肩式袖窿

正面绞花细节设计

罗纹袖口和滚边

v形前、后育克

休闲廓型，迷你裙长

型尺寸在编织过程中形成。滚边和袖口均为一体成型，只有衣领和门襟是后添加的部分。成型尺寸或造型需通过收针和放针来完成。套口工艺用于连接肩部和衣领。服装的侧面、袖子和腋下一般为包缝设计，其将针织裁片的边缘缝合在一起。这种方法减少了物料的损耗，用于昂贵纱线制作的高级服装。

裁剪成型：裁剪成型工艺是最为快捷和廉价的针织服装构成方法，服装的纸样裁片以平床或圆机上的针织面料裁剪而成。裁片的边缘在缝纫或套口之前进行了锁边处理防止线迹脱散，但这些锁边会显得笨拙。裁剪成型增加了物料浪费，通常用于大批量生产。

无缝一体成型：无缝一体成型技术与全成型技术相似，只是不设计缝口。机器将服装裁片与袖口、衣领、滚边等同步编织完成，衣身与两侧的袖子各由一筒纱线织成。

针织裙

针织裙包含了从休闲装到正装的诸多品类，可以在白天和夜晚穿着。新型纱线的应用使针织裙可以在炎热和寒冷的季节穿着。设计师全面控制了设计过程中的所有环节，从纺织品研发到服装廓型，为塑造非凡的设计作品提供了可能。

混合使用不同的纹理、针迹、色彩和图案，高田贤三与米索尼品牌以其充满活力的针织产品系列而闻名。朱利安·麦克唐纳德标志性的网状结构丝织连衣裙极具创意和魅力，适合作为红毯着装。马克·法斯特与路易斯·戈登致力于探索创新技术，研发推出了令人赞叹的服装造型与针迹结构，推动了针织裙的发展。阿瑟丁·阿拉亚为了庆祝其原创设计，以多种人造纱线织成镂空、凸花、褶皱等精巧、细密、柔软的针织结构，这些针织技术与复杂的裁剪技术有着异曲同工的效果，并且强调了女性化的造型。

粗针针织面料外套式连衣裙设计有U形领口、长袖和前门襟开口。胸部的两个贴袋与臀部的大口袋装饰有大按扣和明线。包边与双针明线成为裙子的显著特征。

20世纪20年代风格细针针织面料低腰连衣裙，裙长至膝盖以下。醒目的异色织带点缀了服装并增添了趣味。

领口和袖子还可以设计为：罗纹针织领与插肩短袖

典型特征
☑ 全成型或裁剪成型工艺
☑ 由细针到粗针
☑ 纹理感的针迹、绞花和罗纹设计
☑ 费尔岛式与嵌花图案的应用

1　　2　　3　　4

5　　6　　7　　8

　　1.具对比效果的绳绒与人造丝织物制成的紧身宽摆裙。夸张的围巾式条纹设计领口点缀了裙子。**2.**同纱线的瀑布纹褶边进一步强调了夸张的肩部造型。相似的褶边在紧身造型之上塑造出装饰性短裙的效果。**3.**紧身宽摆裙设计，千鸟格针织图案

模仿了梭织面料，裙子的整体造型和量感通过全成型针织工艺完成。**4.**细针针织面料，低腰连衣裙模仿了两件式外衣的效果。百褶裙裙摆长至膝盖以上，体现出复古风潮。**5.**网眼蕾丝针织图案塑造了衣身图案大小的变化。锯齿边装饰了领口、袖

子和底边。**6.**U形领与落肩设计塑造了宽大的造型。异色夸张袖口和贴袋设计具有色块效果。**7.**缩褶组织塑造出泡泡纱效果，而张力使泡泡织物在T字直筒造型表面展开。**8.**罗纹围裙式连衣裙设计有异色菱形花纹图案，裙摆的裁剪塑造了摆围。

>黑白横条纹层叠褶皱以及隔行正反针与罗纹设计，模拟了两件式造型。颈部和领口的织带塑造了裙子的肩带。

层叠的针织褶皱设计塑造了裙子的底边，与衣身的网眼针织图形成对比。较窄的层叠褶皱用于装饰领口和胸围线，并构成了短袖。

横向的针织罗纹在低腰线处形成双层褶皱，模拟了两件式造型。罗纹褶皱设计同时构成了层叠的底边并装饰了口袋。

上衣还可以设计为：方形领口，宽肩带，针织瀑布形褶边。

细针针织连衣裙，紧身宽摆设计，长度及膝。U字形的船形领口、圆形袖窿和网眼效果组合在一起构成了这件轻盈的夏日裙装。

黑灰横条纹与袖子及侧面的纵向细条纹形成对比。宽大的马扎尔袖设计有T字背心式的袖窿，黑色的罗纹设计强调了腰部。纵向的裁片缝入侧缝，形成了装饰性的短裙效果。

1.紧身罗纹设计，高领套头针织裙。裙子的量感由臀部开始增加至底边，底边织带设计有褶皱。2.针织面料裁片由肩部至臀部斜向贯穿这件连衣裙，形成了色彩和肌理的对比。3.裁片具有图形感的色块设计塑造了紧身的运动装效果。暗袋设计和拉链体现出活跃的运动风格。4.这条连衣裙为分片剪裁设计，裁片在高腰线处缝合，塑造出紧身上衣和展开的裙摆。5.全成型迷你连衣裙运用了多种针迹纹理作点缀。6.休闲造型、量感丰富的细针及踝连衣裙，多色条纹搭配费尔岛式针织图案。针织窄条与系带勾勒出裙子的造型，点缀了外观。7.针织套头上衣设计有小翻领和门襟，上衣与层叠的花边裙摆为无缝连接。8.色彩对比强烈的色块设计勾勒出低腰型。条纹塑造了运动感，女性化的网眼条纹裙摆与上衣取得了视觉平衡。

多色横条纹细针棉麻针织裙混合使用了缩褶、网眼、费尔岛式和罗纹针织图案。超短裙的裙摆和袖口为喇叭形，腰部和袖子为紧身设计。胸部和袖子的上部通过放针完成，塑造出袖山的褶皱效果。宽边的网眼领口裁剪为落肩设计。

粗针花式线塑造出类似手工针织裙的外观，正反针织物正中设计有四组绞花图案。绞花图案在腰部断开，显示出V字造型，腰部罗纹设计带来合体性。绞花图案勾勒出插肩袖造型，突显出全成型设计效果。

简约的灰色无袖连衣裙由手工针织及毛毡面料制成，裙摆展开至膝盖以上。放针底边、收针领口以及无滚边的袖窿设计都保持了极简风格。立体的钩织雏菊点缀了底边。

针织套衫裙

套衫连衣裙是一种加长的针织套衫，可以作为宽大服装或半紧身的修身款式穿着。传统的套衫连衣裙是一种在秋冬季节穿着的粗针服装，而细针的套衫裙则适用于春夏季节。领口和装饰显示出套头衫的设计特征，常见的有高领、小翻领、水手领和V领。大多数的套衫连衣裙都设计有长袖和罗纹袖口。袖窿和袖山可以设计为装袖、插肩袖、鞍形袖、德尔曼袖或蝙蝠袖。针织结构可采用绞花、网眼、费尔岛式等设计形式，也可以采用嵌花和装饰设计。

针织套衫连衣裙的外观与20世纪20年代套衫相似，但后者常作为宽大的两件套款式穿用。在叛逆的50年代，男朋友式的宽松套衫比例夸张，及膝的套衫常与紧身长裤和滑雪裤搭配，成为现代套衫连衣裙的雏形。玛丽·匡特、多罗蒂·比斯、索尼娅·里基尔于60年代推出了长度及膝的紧身罗纹套衫裙，可与腰带和长筒袜搭配穿着。80年代的套衫裙设计受到20年代图案风格的影响，并采用了50年代的宽松廓型，但袖子设计得更宽大，并且常使用垫肩。嵌花和装饰应用十分普遍。

典型特征
☑ 加长的套衫款式
☑ 套衫式的领口和装饰
☑ 主要为长袖设计
☑ 粗针

长至大腿中部的紧身针织织带套衫裙。以提花工艺织成的带状条纹设计有大小不一的千鸟格图案。金属装饰与织带间隔缝制，为裙子增添了纹理和立体效果。

编织流苏横向围绕身体，塑造出波西米亚风格。上衣、高领与短袖由缩褶针织结构组成，绳绒线带来柔软的织物风格。

1.绒布里套头迷你连衣裙设计有同色的1×1罗纹袖口和底边。异色的颈部罗纹装饰塑造出了高领领口线。2.这件航海风格的男朋友式针织套衫设计有深V形条纹领口,条纹由两种不同的绞花针织图案构成,短底边俏皮可爱。3.方平组织设计的手工针织连衣裙搭配3×2罗纹高领与正反针袖子。4.底摆的饰边、领口和袖口均为平针设计。倒V字形的网眼图案强调了A字裙摆造型。5.休闲宽松的灰色兔毛套衫裙,落肩设计,搭配长袖和垂褶领。6.细针超短套衫裙设计有柔软的高翻领。加长的袖子设计有一体式的无指手套。7.典型的迷你套衫裙,醒目的横向宽条纹在袖山和袖窿处巧妙地拼接在一起。8.经典的男朋友式套衫裙。深V形领口由一侧肩部落下。

柔软的灰色超短套衫连衣裙，异色的横向人字斜纹采用了蓝色绒线和金色织线。长袖在手腕处打褶，塑造出蓬松效果。船形领口设计有罗纹，而底边则为简单的放针设计。

醒目的粗针嵌花图案套衫连衣裙。斜向的图案造型受到部落风格的影响。明亮的色彩与对称的图案设计形成鲜明的对比。图案的设计与衣身和袖子的造型相匹配，下落的肩线隐藏在图案中。

横条纹无袖连衣裙，高圆领设计。粗针针织设计塑造了细密而柔软的效果。蓝灰条纹在上衣和肩部变为灰黑条纹，将视觉焦点定位在衣服的上半身。

领口和袖子还可以设计为：开襟的圆翻领与短插肩袖。

<充满活力的手工针织套衫裙有着彩点粗花呢的风格，具有朴素的手工艺美学，混合使用了不同色彩和比例的纱线，塑造出独特的补丁效果。

丝质细针针织面料套衫连衣裙设计有异色的色块裁片。不对称的底边为衣服的视觉焦点，塑造出层叠效果。铁锈红色的衣片模拟了针织开衫的门襟，又增添了层叠感。粗针罗纹圆翻领向下延伸，形成圆形的育克。

T恤连衣裙

T恤连衣裙以其造型轮廓而得名，作为运动风格的休闲款式而被广泛采用，也可以作为休闲晚装穿着，同时，搭配服装配饰也十分理想。T恤裙以不同垂感的针织面料制成，有圆筒形针织设计和分片裁剪两种设计方法。服装造型可设计为宽大款式，有时可以搭配腰带或裁剪为修身廓型。裙长涵盖了从超短到及踝的所有长度，袖子可采用从盖肩袖到长袖的所有样式。针织面料罗纹镶边通常应用于领口，也可以用于袖子和底边。

以圆筒形针织服装生产技术为基础，T恤连衣裙从20世纪20年代流线形的服装廓型演变而来。这一时期的T恤裙以女装衬衣为主，反映了当时崇尚运动、非正式的着装风格。随着工业技术的进步，大规模生产细针针织面料及裁剪成型技术的产生，使T恤连衣裙开始成为外衣或两件套服装款式的一部分。

T恤连衣裙历经了不同时期的发展与变化，曾作为20世纪50年代反传统的亚文化象征，后经过不断地颠覆和演绎，在70年代成为朋克的时尚标识，在80年代又成为政治标语、广告及品牌营销的时尚载体。

这件T恤连衣裙有着两种相互冲突的款式造型。例如，一侧紧身袖与另一侧宽大的落肩T恤衫袖形成对比。领口为V形领和U形领的混搭设计，不对称的裙身褶皱让设计更加完整。

传统的圆筒形针织面料紧身裙设计有盖肩袖，设计灵感来源于白色针织T恤。这一基本款的连衣裙适于搭配服装配饰。

典型特征
☑ 加长的T恤
☑ 休闲风格，受到运动装的影响
☑ 针织面料

1 2 3 4

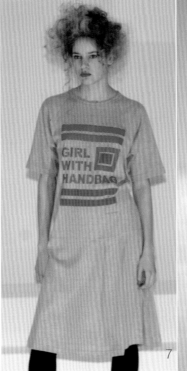

5 6 7 8

1.丝绸针织面料连衣裙设计有垂褶领和不对称的羊腿袖。皮革质地的颈部饰带与面料的褶皱形成对比，塑造了强烈的视觉焦点。2.宽大的烫银超短针织连衣裙。夸张的长袖、落肩和深V领口强调了休闲造型。3.纱笼风格的廓型设计，不对称的裙褶和款式线显示出其异域文化的影响。4.年轻而具有运动感的T恤连衣裙设计有低腰线和褶边裙摆。罗纹装饰的圆领和短袖来自基本款的T恤造型。5.不对称的外层衣片系于右侧肩部，覆盖在解构造型的迷你背心裙上。腰部的褶皱塑造了量感。6.宽大的连衣裙设计有低开的大V领，搭配夸张的落肩和长至肘部的和服袖。7.混色纱线针织面料连衣裙，衬托图形标志或标语印花十分理想。8.滑爽的针织面料连衣裙，连肩式的落肩设计搭配大圆领。宽大的造型突显出面料自然的垂褶。

>马扎尔式长袖、丝绸针织面料连衣裙，船形领和低腰设计。航海风格的影响还体现在具有装饰效果的纽扣设计上。加长的裙摆折回之后塑造了信封形的褶皱和罩裙效果。

上衣和袖窿还可以设计为：无袖上衣搭配圆领，面料褶皱形成领口并向两侧延伸至后中缝。

不对称的T恤造型，领口扭结设计塑造了衣身的褶皱。下落的肩线构成了盖肩袖，延续了休闲、宽大的服装造型。

浅灰混色纱线针织裙轻盈而宽松，长及膝盖以下。拉链式的漏斗领、腰部和底边的抽带以具有现代感的粉红色作为装饰。及肘的袖子向上卷起，更加突出了这件服装的运动感。

横向与斜向条纹富有趣味性地组合在一起，使这条裙子看上去如同斜裁设计。穿孔图案装饰与半针织设计塑造出有方向感的条纹。通过放针的方法获得多余面料并在腰部形成装饰褶皱。

运动风格的橘色与黑色条纹、V领及膝T恤造型搭配卷草纹和天使纹样。图案色彩的运用塑造了浮雕般的装饰效果。

背心式连衣裙

背心式连衣裙是一种无袖的套衫裙或加长的针织背心。由背心演变而来的针织背心连衣裙通常作为春夏款式单独穿着，也可以作为围裙装穿在有袖服装外面。

薇薇安·韦斯特伍德（Vivienne Westwood）赋予了T恤造型新的形态并由此塑造了背心式连衣裙，朋克系列以解构裁剪、磨边以及运用针织面料的卷曲毛边等方法探索了服装款式变化。20世纪80年代，麦当娜以层叠穿着设计有深挖袖窿的背心裙并露出内衣或泳装的方式使这一款式更加流行。背心式连衣裙的造型来源于运动服装，采用了运动服或舞蹈服的功能性面料，如网眼夏服料或氨纶织物。领口和袖窿的样式搭配服装款式而设计，如T字背心式，搭配罗纹或贴边装饰，有时设计有隐形或一体式的文胸。

这件宽松的背心式连衣裙设计有深开的圆形领口，体现了运动风格。黑色宽边设计在颈部塑造了V字造型并勾勒出裙子的廓型，塑造了如同太阳裙的造型风格。口袋位与臀部两侧，延续了其休闲风格。

紧身，长及大腿中部的背心风格连衣裙。前中倒置的几何图案由双面织带组合而成，塑造出双色立体效果。提花织带点缀了领口、侧缝和底边。

典型特征
☑ 加长的背心款式
☑ 无袖
☑ 宽松或紧身设计
☑ 可穿于其他服装之外

1.宽松而简洁的背心裙采用烫金针织面料制成,造型受到20世纪20年代短连衣裙的影响。低开的领口线,底边为激光裁剪。2.低调而简约的无袖造型连衣裙以精良的黑色亚麻针织面料制成,外观轻盈且有半透明效果。3.单独缝制的金属装饰将千鸟格图案的针织织带组合在一起。4.不同颜色的针织织带组合在一起构成了大面积的几何图案。领口和肩带以较窄的织带和金属装饰制成。5.针织网眼吊带领连衣裙,帝国式的紧身上衣装饰有花朵图案。裙子表面的流苏增添了服装肌理的趣味感。6.独立的针织织带穿过金属饰片编织在一起,塑造出整体的链甲效果。7.腰部的抽带设计在上衣与裙摆之间塑造出蓬腰效果,为宽松的连衣裙带来造型感。8.不同颜色的针织织带以编织的方式塑造出带有复杂图案、独一无二的连衣裙。

>手工粗针背心式连衣裙搭配里层背心穿着。罗纹底边用较细的织针编织而成，形成较为紧密的边缘；由下至上针迹逐渐变得疏散，塑造出更加宽松的面料纹理。梭织织带及粗纺纱线的运用塑造出手工效果和美感。

厚实的针织面料超短背心裙设有U形领口。两个贴袋点缀有多重色的流苏，装饰了裙子的底边。

1.硬挺的腰带与质感垂坠的丝质针织裙摆形成对比。2.异色及踝背心式连衣裙，中等厚度的针织面料裙摆设计有侧袋。轻盈的针织面料在上衣打褶后垂下。3.轻薄的针织面料背心裙为斜裁设计，上衣的育克设计有前中V字形镶嵌。装饰布满裙身。4.低腰设计的背心式连衣裙，针织上衣与打褶的丝质裙摆相连。裙子横向拉伸、复制后被折回，塑造出多重的穿着效果。5.双层设计的针织背心式连衣裙，外层连衣裙侧缝开衩，底边折回。6.安哥拉羊毛混纺针织背心裙，U形领口，设计有深开的袖窿和单侧胸袋。7.多种颜色与质感的针织布片如拼图般随机缝合在一起，构成了这件超短的背心裙。8.航海风格的V形领背心裙设计有横向的钩针网眼织带，变化的图案以针织罗纹作为装饰。

马球衫式连衣裙

马球衫式连衣裙源自于英国制造商John Smedley于20世纪20年代设计的伊希斯机织网球衬衫。最初采用全成型针织工艺，马球衫式连衣裙设计有三粒扣门襟开口和衬衫领。传统的短袖设计装饰有罗纹袖口，也可以采用插肩袖设计。这一款式后来被马球运动所采纳，因此而得名。Lacoste品牌成为了为马球衫的标志；70年代末至80年代初，派瑞·艾磊仕（Perry Ellis）与拉夫·劳伦等品牌将预科生风格注入马球衫设计并使其获得了主流时尚界的认可。汤米·希尔费格（Tommy Hilfiger）、J.Crew以及杰克·威尔斯（Jack Wills）等品牌均采用马球衫造型，用来表现低调而经典学院派风格。

马球衫采用的面料体现了运动装风格，如网眼针织面料、菱形花纹针织面料、罗纹或绞花织物等，经常装饰有品牌的刺绣标志。其他的造型选择包括插袋或胸部贴袋，常设计有罗纹镶边。有时口袋设计位于连衣裙的侧缝处。

由于体现了运动风格，马球衫式连衣裙很少长及膝盖以下。

厚实的针织面料直筒裙款式宽大，前中拉链设计，腰带塑造了合体的造型。马球领、肩部育克和袋盖装饰有异色面料。

罗纹衣领及罗纹边短袖点缀了这件连衣裙。裙身印花与红色衣片的对比带来了修身效果。

典型特征
☑ 加长的马球衬衫
☑ 一片式针织系扣门襟，前开口连接衬衫领
☑ 运动风格的造型与美学特征

1.不对称的双层圆形剪裁褶边由窄变宽，与斜向裁剪相呼应。立领与前中拉链布带模仿了传统的马球衫设计。2.多重色彩塑造了运动感。尽管缺少前门襟设计，罗纹衣领的设计灵感无疑来自于马球衫。3.颠覆性的马球衫设计，衬衫领及三粒扣门襟比例夸张。装饰性的皮草带来怪诞的风格特征。4.轻盈的印花针织面料马球衫式连衣裙设计有短盖肩袖和喇叭形的裙摆。绿色的罗纹衣领和低腰腰带与印花形成对比。5.罗纹针织上衣设计有衣领、四粒扣门襟和长袖，灵感来源于马球衫，但却呈现出更加正式的女性化风格。6.衬衫的胸前装饰设计有异色镶边，向下延伸形成曲线形的底边，在臀部向后延伸至背部构成裙摆。7.柔软的丝光棉制成的马球衫背心裙设计有罗纹衣领、镶边袖窿和底边。8.柔软而女性化的马球衫设计，裙摆至底边逐渐展开。

紧身针织裙

烫金织带以流苏工艺编织在一起。每一条织带以手工固定，形成伸缩性的网状结构。最终塑造了一件别具一格的紧身连衣裙。

网眼和梯形纹效果塑造了设计细节和整体造型。深V领和装袖袖窿设计，袖山的编织细节塑造了羊腿袖效果。领口和底边的针迹结构塑造了月牙形的边缘。

紧身服饰潮流在20世纪80年代得以快速发展，当时的流行文化崇尚以修身设计突出理想的身形。诺曼·卡玛丽（Norman Kamali）从舞蹈及运动装设计中借鉴了紧身造型并将其引入主流时尚圈。阿瑟丁·阿拉亚（Azzedine Alaia）将弹性的圆筒形针织服装带入时尚界，这类服装着重强调了穿着者的身形，通过先进的针织工艺塑造曲线，拥有精巧的缝合方法与完美的合体性。潘·霍格（Pam Hogg）则运用色块裁片代替了缝口。荷芙·妮格（Herve Leger）在1989年推出了引人瞩目的"绷带"连衣裙，造型时尚的裙子看上去由缠绕身体的弹性绷带组合而成。英国设计师朱利安·麦克唐纳德（Julien Macdonald）以蛛网般复杂的网眼针织结构包裹身体；针织服装设计师马克·法斯特（Mark Fast）以其突显曲线的设计作品赢得了紧身针织服装的设计桂冠。

紧身服装以及地裙长出现在晚装场合时最具魅力；也可以作为实用而舒适的服装款式在日间穿着，长度及膝或为超短裙。以针织面料制成的紧身裙具有更加青春的运动感。袖子可以设计为紧身长袖或盖肩袖，也可以采用无袖的肩带造型。领口线与整体简约而流畅的造型保持一致，最常见的有U形领、马蹄形领和圆领。

典型特征

☑ 以先进的针织结构强调身形

☑ 精巧的缝口设计，创新技术塑造出完美的合体性

☑ 采用伸缩性良好的新型纱线

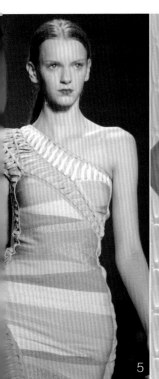

1.针织织带连接在一起塑造出紧身连衣裙造型。织入裙身的金属配件为裙子增添了装饰。2.垂褶领下落至腰线，褶皱延伸至裙摆，塑造出柔软而流畅的廓型。3.针织面料制成的束腰外衣式连衣裙，异色色块塑造出图形效果。高圆领与盖肩袖以红色作为点缀，白色衣片起到着重强调的效果。4.纵向的织带在臀部和大腿处固定，塑造出夸张的沙漏形轮廓。织带的表面为植绒效果，为服装增添了奢华感。5.色彩和宽度各异的织带组合在一起，手工编织装饰了一侧肩部和侧缝。6.裸色贴钻面料包裹身体，构成了这件无肩带连衣裙。7.带状衣片、金属色针织面料与透明的网纱织物共同构成了这件紧身连衣裙。8.针织织带在上身及身体的侧面与金属配件编织在一起。

>无肩带连衣裙设计有内置文胸。针织织带组合在一起构成并强调了女性化的造型。以金属配件固定在一起的多条细织带构成了腰部和裙摆的前中设计细节。

高捻度的人造丝纱线制成的织带连接在一起塑造了这件雕塑身形的紧身连衣裙。同色系的皮革背带勾勒出腰线并强调了廓型。

针织烫金织带围裹、连接、编织在一起，塑造了这件独特的紧身连衣裙。织带的烫金处理让设计细节显得更加立体。

各自独立的针织织带连接在一起，塑造了这件紧身针织连衣裙。橡胶立体印花织带缝于服装表面，强调了服装的廓型并突出了曲线。

以荷芙·妮格（Herve Leger）标志性的织带设计组合而成，这件连衣裙紧身束衣式的款式线勾勒出身体的轮廓。以金属珠片装饰的针织网眼梯形流苏裁片置于肩部和臀部。

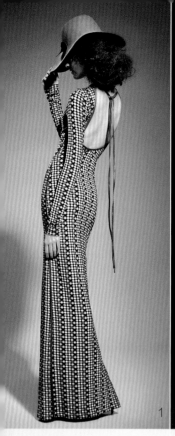

1

2

3

4

5

6

7

8

1.紧身针织裙的吊带领以束带系于背部。**2.**由肩部延伸至腰部的斜向缝口和褶边打破了直筒形的轮廓，对比的色彩强调了服装造型。**3.**简洁的直筒形连衣裙，裙摆开衩至臀部。**4.**紧身长裙设计有高领和加长的袖子。菱形的背部镂空设计打破了裙子的直筒形轮廓。**5.**多种色彩的钩织圆形图案塑造出艺术感。简洁的圆筒造型适于表现复杂的图案。**6.**连衣裙曲线形的开衩塑造出花瓣形的底边效果。紧身上衣强调了身体的轮廓，无肩带设计露出乳沟，连接至腋下的育克造型体现出分体式的短披肩效果。**7.**黑色紧身连衣裙，颈部和臀部以几何色块分割。开衩至膝盖以上方便了活动。**8.**多肩带设计的紧身连衣裙，独特的腰部镂空设计和羽毛制成的裙摆在视觉上取得了平衡。

通过全成型工艺制成的横向与纵向条纹贴合了身体的曲线。从颈部延伸至脚踝的加长廓型强调了连衣裙的直筒造型。

上衣的设计还可以采用其他工艺：色块造型演变成针织罗纹设计，深挖的袖窿搭配细肩带。

多件服装的混合效果通过不同的纱线、色彩和针织方法获得，运用了罗纹、绞花、正反针和全成型工艺。色块设计强调了身体的轮廓并点缀了上衣和腰部。

棕色金银丝织物制成的及踝紧身裙。端庄的圆领和及肘袖与贴合身体曲线的反光面料形成对比。

宽度各异和不同深浅的灰色调针织织带组合在一起，手工编织的系带灵感来自于运动鞋。

不同色彩的裁片构成了哑光和闪光质感的对比。厚重的针织面料裙摆体现了罩衫风格，窄条状的胸前装饰呼应了圆领。

领口还可以设计为：V字领搭配窄肩带，T字形背部设计。

双面织带折叠后以弹力线在裙子的前中和侧缝处缝合，塑造出柔软的几何图案和漂亮的紧身轮廓。

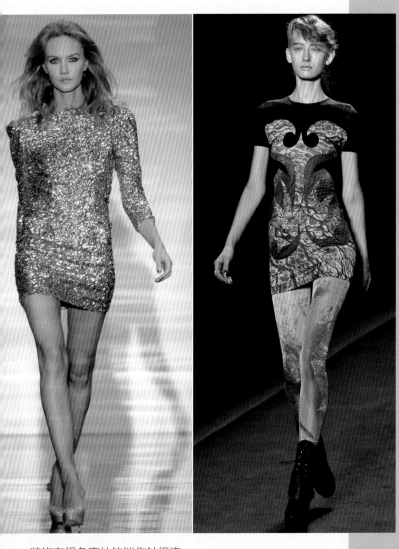

<高支氨纶混纺针织面料连衣裙设计有对称的嵌花和印花图案。典型的T恤造型搭配圆领和短袖，这件连衣裙可以作为超短裙或与其他单品搭配穿着。

装饰有银色亮片的迷你针织连衣裙设计有七分袖和夸张的肩部。饱满的袖山强调了宽肩造型。

外套式连衣裙（COATDRESS）

外套式连衣裙以外套为设计灵感，是许多设计系列中必不可少的服装款式。其合体的裙装造型通常由西服料或厚重面料制作而成，使外套式连衣裙成为衣橱中的主要款式和工作场合的理想着装。

前系扣外套式连衣裙，其外形为20世纪20年代短连衣裙风格，低腰线、搭扣腰带、七分袖及装饰风格大翻驳领受到60年代伊夫·圣·洛朗设计风格的影响。

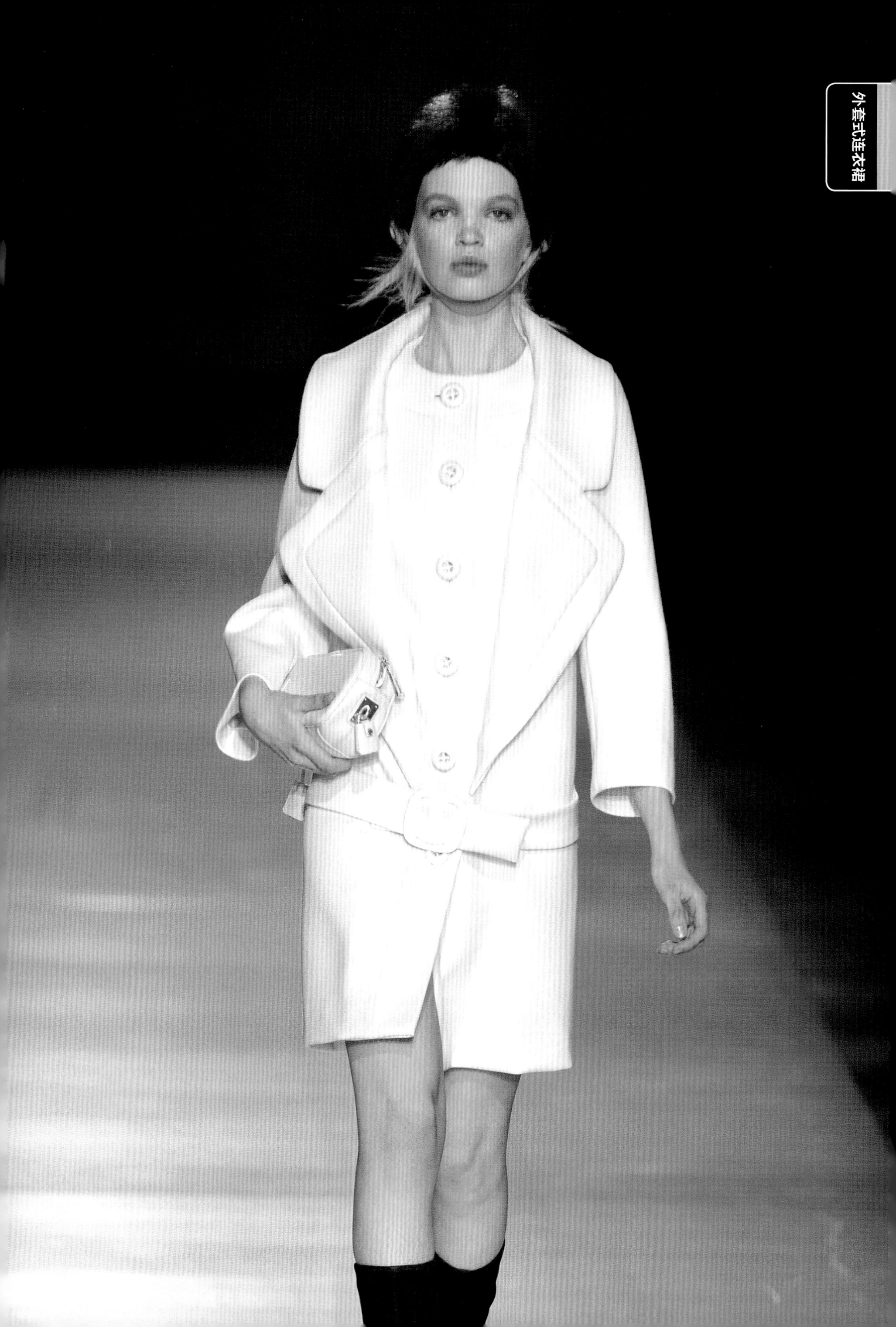

设计背景

这件外套式连衣裙来自阿玛尼1983年秋装成衣系列，带有明显的外套设计特征。有垫肩的宽肩线和长袖设计塑造出有力的男性化轮廓，是20世纪80年代权威着装的典型特征。纵向条纹的梭织面料为简洁的矩形轮廓带来厚重感，衣身臀围线两侧的贴袋强调了外衣式的造型。

外套式连衣裙的设计风格参考了外衣的设计细节，并借鉴了经典的战壕式风衣和西服套装的风格元素。外套式连衣裙可以设计为单排扣或双排扣，搭配皮带或束带加以点缀。采用大纽扣、棒形纽扣和拉链等扣合件，以及大贴袋、嵌线袋和挖袋等设计，可进一步体现外衣风格。

今天的外套式连衣裙常设计为前身开襟扣合，而在20世纪60年代，背部拉链的扣合方式曾十分流行，当时的设计常采用对比的黑白色调或色彩清淡柔和的棉质及羊毛面料。款式上主要为无领设计，或设计成彼得潘领搭配装饰性的前系扣。装饰在外套式连衣裙的设计中充当了主要角色，领口、衣领和口袋都可以用异色的镶边进行装饰。

外套式连衣裙风格流行至20世纪70年代，开始成为独立坚强的职业女性着装。这一风格历经数十年的演变，体现了各个时期

最为典型的时装廓型。到了80年代，外套式连衣裙的造型变得更加方正，超大的垫肩强调了方形轮廓，以唐娜·凯伦（Donna Karan）和阿玛尼（Armani）的设计最为典型。这一时期的外套式连衣裙常设计有上卷袖，搭配异色的衬里，并且很少设计为束腰款式。滑雪裤和紧身裤常与之搭配。川久保玲在其1983年的时装系列中颠覆了这一偏正式的造型，她设计了剪裁方正的宽大外套式连衣裙，没有明确的造型和轮廓特征。在90年代，外套式连衣裙一直处于时尚的前沿，具有历史风格的时装作品中不仅有双排扣的外套样式，更增添了紧身宽摆的服装造型。这一时期的连衣裙常设计为无袖，并有着夸张的翼形领，轻薄而透明的面料使其得以成为春夏季节的理想着装。

今天的外套式连衣裙在设计上有着比以往更多的选择，并且融合了多种造型和风格特点。

迪奥于1955年设计的双排扣羊毛粗花呢外套式连衣裙。夸张的翻领向外展开至袖隆。侧开的门襟开口从胸部以下延伸至臀部，塑造出包裹身形、长至小腿的时装廓型。这条裙子造型修长，腰部收紧，垫肩和饱满的袖子为设计中的点睛之笔。

设计要点

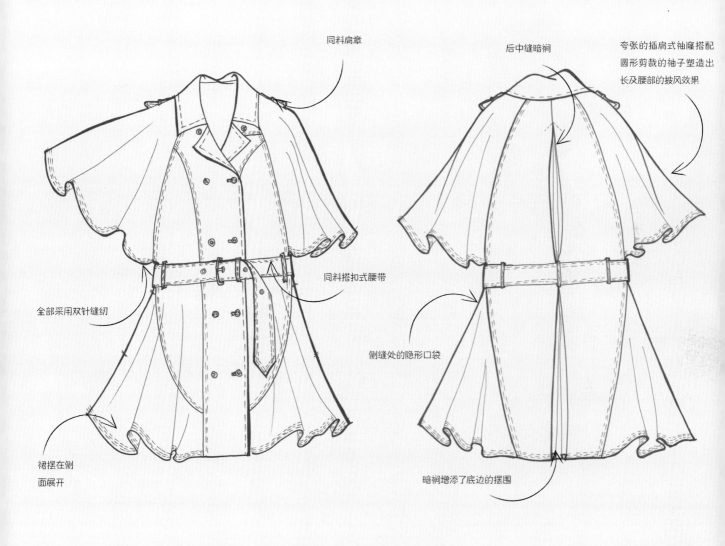

同料肩章

后中缝暗裥

夸张的插肩式袖窿搭配圆形剪裁的袖子塑造出长及腰部的披风效果

同料搭扣式腰带

侧缝处的隐形口袋

全部采用双针缝纫

裙摆在侧面展开

暗裥增添了底边的摆围

廓型： 外套式连衣裙的设计灵感来源于外衣和西服，其廓型可谓丰富多样。可以采用剪裁宽大的冬季茧形羊毛大衣式造型（外形浑圆、柔软、不强调身形），也可以选择西装外衣式的强调服装结构的半合体廓型。

造型： 外套式连衣裙可以采用宽松、合体或半合体的造型，款式线在塑造廓型

的同时显示出外套和西服的风格式样。设计师必须运用外衣的造型特征来完成外套式连衣裙的设计。

底边： 如果为单独穿着，外套式连衣裙通常设计为及膝长度或至膝盖上下，折缝的底边模仿了外衣的造型。在与其他服装搭配穿着时，外套式连衣裙可以设计为及踝长度，并有较宽的摆围。

面料： 传统意义上的外套式连衣裙由羊毛及西装料等厚重面料制作而成，并设计有衬里以适应秋冬季节，并且显示其源自外衣的设计特征。尽管如此，这一款式也可以采用亚麻、乔其纱、蝉翼纱等轻薄面料，成为春夏季节与特殊场合的理想着装。

扣合件： 根据设计的需要，外套式连

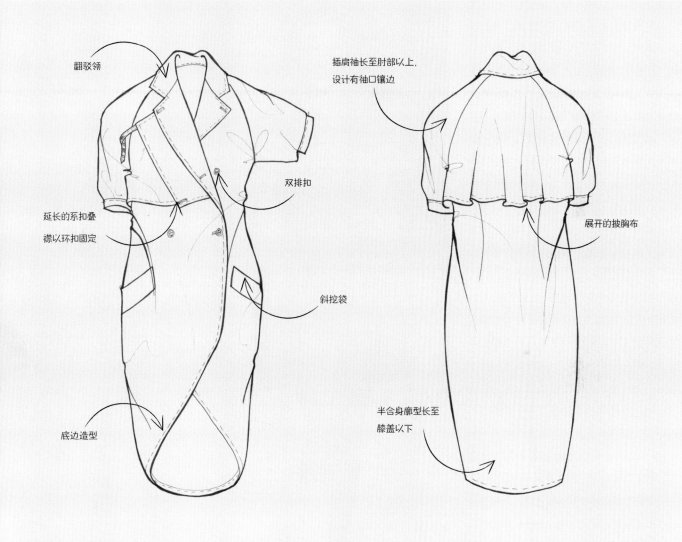

翻驳领

插肩袖长至肘部以上,
设计有袖口镶边

双排扣

延长的系扣叠
襟以环扣固定

斜挖袋

展开的披胸布

底边造型

半合身廓型长至
膝盖以下

衣裙的颈部可以使用前、后拉链或纽扣。衣身可设计为叠襟,单排扣或双排扣款式可搭配束带或固定的腰带,也可以使用隐形拉链、暗扣门襟或棒形纽扣和纽襻。

领口线和衣领: 通常设计为圆领或V字领,如果设计有衣领,衣领的造型和扣合方式将会决定领口线的形状和位置。衣领的样式可包含夜礼服式的翻驳领、翼形领、中式领和伊顿式阔翻领。

袖子: 外套式连衣裙的廓型预示了其袖窿和袖子的类型。剪裁宽大的外套式连衣裙通常设计有宽圆肩、插肩袖、马扎尔袖或德尔曼袖。更合体的廓型会采用窄肩和窄袖设计,通常为两片式装袖。

口袋: 口袋是外衣设计中的重要元素,这一点在外套式连衣裙的设计中同样有所体现。在为服装造型增添趣味性的同时,口袋需具备功能性,并且设计在衣身合理的位置。口袋的设计可体现裁剪细节,常采用大贴袋、嵌线袋、挖袋和位于侧缝的暗袋。

西装外套式连衣裙

作为类似连衣裙的一种半正式服装，西装外套式连衣裙采用了西装外套和大衣的多种设计风格及特征。精良的剪裁意味着上乘的质量与工艺，以及对设计细节的关注，这些都体现在西装外套式连衣裙的设计中。这一款式通常设计为前系扣，可以是单排扣或双排扣，搭配翻驳领和两片袖。

按照惯例，西装外套式连衣裙是一种在秋冬季节穿着，由西装料制成并设计有衬里的服装款式；如今的西装外套式连衣裙则普遍采用轻薄的面料制作，可以作为连衣裙或大衣穿用。这一款式可以设计为无袖、短袖或长袖；可以是贴身的紧身款式，也可以设计为展开的及踝裙摆，让人联想起礼服式大衣的风格。上衣缝口与款式线的设计体现了西装外套风格的影响，常运用后中开衩，方便活动。与叠襟式外套连衣裙形成对比的是，这一款式的造型依赖于对平衡及对称法则的运用，方法包括在前中线的两侧设计相同的款式细节，如口袋、带襻和缝线等。西装外套式连衣裙的口袋常为有棱角的袋盖嵌线袋或挖袋。重复法则也是一种重要的设计手法，某一设计特征或装饰方法可以在同一款式的设计中反复出现，从而营造出良好的平衡感。

以上这些设计特征都令外套式连衣裙成为工作场合的理想着装。

典型特征

☑ 西装外套和大衣的风格特征

☑ 前系扣设计，单排或双排扣，搭配翻驳领和两片袖

☑ 平衡和对称法则的运用

西装外套式连衣裙，上衣曲线形的叠襟盖过前中线，曲线形的底边开口与叠襟造型相呼应。

扣合件和衣领还可以设计为：直线剪裁的系扣式叠襟与不对称的衣领。

皮革质地的上衣设计有无领领口线。上衣为紧身设计，塑造了胸部的轮廓并具有硬挺的外观。与上衣形成对比的是柔软的人造皮毛裙摆，塑造了柔和的外观和丰富的量感。

1.深V形无领领口围裹至腰部，露出黑色的镶边。隐形扣合设计，呈现出具有建筑风格的极简造型。2.小V领梯形外套式连衣裙。色块感的侧向裁片和袖子制造了视错觉的效果。3.礼服风格的外套式连衣裙设计有不对称的左侧叠襟。门襟和翻领在宽窄和造型上不断变化。门襟开口止于臀部，但在视觉上却继续向下延伸。4.硬挺的双排扣西装外套式连衣裙设计有四枚系扣和四枚装饰扣，具有军装风格。披肩式的肩部设计形成了垂坠的短袖。5.双排四粒扣、无袖及膝外套式连衣裙设计有大青果领和有盖袋。6.宽大的战壕风衣式连衣裙。柔软的丝质面料束于腰部和袖口。7.修长的紧身战壕式连衣裙有着传统的设计细节，如有带襻的束带和纵向的侧插袋。8.高漏斗领搭配开至颈部的单排扣门襟，这件紧身连衣裙设计有异色的棉缎裁片，呈现出有胸前装饰的礼服效果。

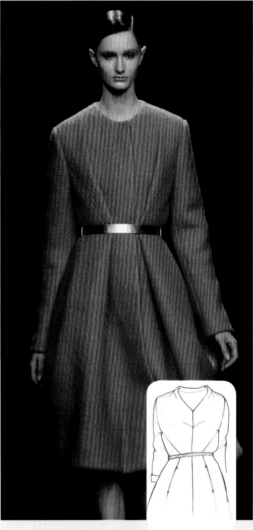

带有黑色衬里的装饰性翻领和垂坠的口袋与灰色混纺面料形成对比，强调了大衣式的穿着效果。短袖和肩部系扣重新定义了传统的外衣造型。

厚重的羊毛外套式连衣裙，束腰设计，裙摆展开至膝盖以下。斜向的省道开至腰线塑造了上衣的造型，而后以箱形褶裥的形式打开，为裙摆增添了量感。前中贴边的暗扣门襟设计与其简洁的廓型保持一致。

领口线还可以设计为：V字形领口线与后连领。

单色的几何图案连衣裙，由单侧胸部贴边口袋向外展开的装饰性卷曲图案构成了双排暗扣开口。保守的领口线与高开衩的底边形成了视觉上的对比效果。

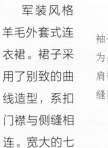

<装饰有束带纽扣的围裹式高立领、深挖的插肩式袖窿、肩章和袖口系扣都具有鲜明的军装风格。

军装风格羊毛外套式连衣裙。裙子采用了别致的曲线造型，系扣门襟与侧缝相连。宽大的七分袖装饰有系扣袖襻。

领口、袖窿和袖子还可以设计为：对襟V领，插肩袖，延长的肩部缝口。

>纵向的省道塑造了裙子的直筒形轮廓及上衣的造型，省道在前、后裙摆的两侧打开形成褶裥。圆形领口设计有加长的漏斗领。银色的皮带打破了裙子的直筒造型并强调了腰部。

双排扣外套式连衣裙设计有衬衫式立领。同料的肩章体现出军装风格的影响。衣身两侧的纵向缝口强调了直筒廓型。

肩部细可以设计为层面料的前育克袖山头缝合，袖山在育克之下。

受到外衣风格的影响，这条连衣裙由上至下的箱形褶裥模仿了大衣的前中门襟开口。两侧褶裥的设计定义了肩部，其垂直的线条勾勒出侧向衣片的轮廓。袖子的设计完善了修长的直筒造型；后中扣合的设计保障了正面流线形的整洁造型。

低调、简洁的外套式连衣裙，没有特别的装饰设计。前中门襟开口的贴边设计有暗扣。

袖子和领口还可以设计为：短袖和圆形领口。

色彩丰富的万花筒印花装饰了这件简洁的直筒外套式连衣裙。黑色的衣领和门襟打破了前中的印花图案。直线形的长袖设计衬托了简洁的造型。装饰华丽的印花图案显示出某种文化的意象。

家居袍式连衣裙

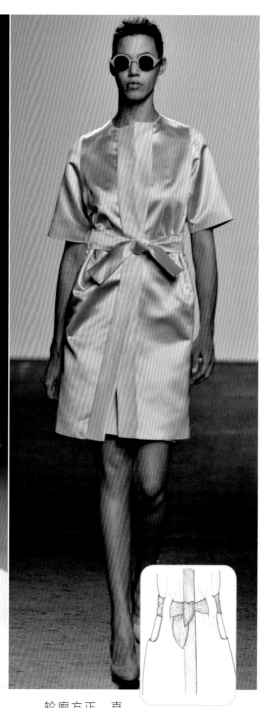

家居袍起源于20世纪40～50年代，有时被称作防尘外衣，可以在做家务时用于保护日常着装。家居袍有许多不同的造型，通常及膝或至膝盖以下并遮住内层衣衫；50年代，家居袍发展变化为更加优雅而精致的家居服装。

最初的家居袍以轻薄面料制成，有时为增加保暖性采用绗缝设计，剪裁简洁宽松，无束腰的设计可方便身体活动。40年代的家居袍常设计有前、后育克，育克缝口处设计有柔软的褶皱，整体造型自肩部自然下垂。前衣身设计有拉链或纽扣，圆形领口，袖子可设计为短袖或长袖。

经过一段时间，家居袍的廓型演变之后呈现出迪奥的"新风貌"造型。裙子的腰部收紧，有时搭配束带，上衣为合体设计，裙摆长而饱满。造型上多采用单排扣或双排扣，衣领的变化多样，有翻驳领、青果领等式样。袖子常设计为德尔曼袖搭配翻折式袖口，短袖、长袖或七分袖造型皆可采纳。由于家居袍源自于一种兼具功能性和实用性的服装，几乎所有的家居袍都设计有口袋，通常以贴袋的形式出现。50年代，家居袍的口袋设计形式更加丰富多样。

长袖及地家居袍有着僧袍式的外观。高立领设计有V字形开口，别致的省道设计塑造了领座。腰部合体，裙摆呈A字形垂至地面。缩绒面料的裁剪边缘未包边。

轮廓方正，直线门襟和束带诠释了和服风格。闪光和哑光面料的对比形成了面料肌理的趣味感。

束带还可以设计为：带襻可采用一体设计，与衣身相连。

典型特征
☑ 前系扣或拉链设计
☑ 多样的领口和衣领设计
☑ 受到口袋和围裙装设计的影响

1.宽大的几何造型塑造出宽松的连衣裙。深V领口与前中缝口相连，缝口延伸至低腰腰带的位置。裙摆设计有前中缝口。2.高漏斗领柔软地下垂，修饰了领口的轮廓。3.深V领针织连衣裙，同料的宽腰带设计，灵感来自浴袍。袖子上半部为合体设计，肘部以下为喇叭形。4.醒目的塔夫绸几何印花梯形裙。长至肘部的宽大袖子设计有翻折式袖口。翻驳领搭配拉链设计。5.长至脚踝的衬衫式家居袍，门襟系至大腿。条纹面料的方向性勾勒并体现出不同衣片之间的对比效果。6.大青果领设计，叠襟家居袍式连衣裙。腰部和袖口装饰有细缎带。7.透明的雪纺面料和印花雪纺面料自腰部自然下垂。右侧衣身的波浪形装饰塑造出三维立体的设计效果。8.醒目的印花A形家居袍式连衣裙灵感来源于20世纪50年代的复古服装。

叠襟外套式连衣裙

叠襟外套式连衣裙的一侧衣襟叠放于另一侧之上，并设计有同料的束带或搭配皮革腰带。叠襟的线条随意性强，可塑造出非正式的平衡感或不对称效果。叠襟式的门襟设计可以使观者的视线更为流畅。其宽松休闲的造型显示出与男装马球外套或驼毛大衣的相似之处，这种男装大衣流行于20世纪20年代，由马球运动员在赛后穿用。在20年代，叠襟外套式连衣裙柔和的廓型被一种低腰线设计的直筒女装造型所改变。最终，战壕式风衣造型的出现超越了马球大衣对叠襟外套的影响。如今的叠襟式连衣裙在设计与造型上借鉴了上述所有经典的服装款式。

传统的战壕式风衣是一种防风防雨的大衣款式，最初源自于军用大衣。插肩袖、肩章及有盖贴袋等造型细节普遍存在于叠襟式连衣裙的设计中，在20世纪80、90年代权威着装时期最为流行。尽管基础格调具有男性化特征，叠襟设计强调了女性化的体态并塑造出V字形的领口线，体现出50年代的廓型特征。50年代的叠襟式连衣裙呈现出女性化的设计风格，常采用塔夫绸，设计有德尔曼袖和饱满的裙摆，与其传统的男性化造型关联甚少。

引人注目的外套式连衣裙，闪光的丝织面料塑造出充满力量感的廓型。加长的垂坠衣领在腰部展开，露出深开的领口线。叠襟的底边为曲线形，加强了圆润的造型感。

曲线形的叠襟在侧缝处固定。短泡泡袖设计有一粒扣装饰的袖口。异色线条强调了衣领、袖口和口袋的设计细节并勾勒出前门襟。

典型特征
☑ 前叠襟设计
☑ 受到男式马球大衣和战壕式风衣的影响
☑ 双排扣和前束腰设计

1.圆领、马扎尔袖与柔和的肩部线条塑造了这件连衣裙的茧形轮廓。2.两种色调、闪光与哑光质地相融合的梭织面料为这件传统的大衣造型增添了现代感。3.这件外套式连衣裙的叠襟设计具有欺骗性，上衣和裙摆的叠襟方向似乎相反。右侧的

围巾领和左侧臀部的口袋设计突显出裙子的不对称造型。4.灵感来源于土耳其长袍，这件叠襟式连衣裙为落肩设计，搭配宽大的和服袖、简洁的圆领和宽腰带。5.斜向叠襟设计的外套式连衣裙由具有绗缝效果的丝缎面料制成。6.无袖的丝质外套

式连衣裙，立领延伸至领口形成系带。7.印花的设计考虑到了衣服的不对称剪裁方式，同时在衣服的中线两侧保持了图案的对称效果。8.石青色的亚麻叠襟外套式连衣裙，搭配灰色的丝质翻领、袖子和肩部育克。

斗篷式外套连衣裙

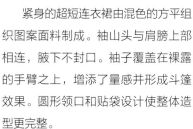

斗篷式外套连衣裙建立在无袖外衣的设计基础之上，并从雨披、披风、斗篷和夜礼服大衣中汲取了设计灵感。常被用作一种时尚符号的斗篷造型起源于防雨服装，具有保护礼服面料，使其免于受到外套衣袖挤压的作用。

斗篷由简单的服装款式演变而来，较披风更短。斗篷的设计建立在圆形或半圆形造型的基础之上，而如今的斗篷设计则需要考虑肩部造型的合体性。圆形的斗篷造型可塑造出外套式连衣裙的整体廓型，它可以裁剪得像披风一样长，并设计有前身开口方便手臂活动。这种造型可在衣服正面设计束带强调腰部，使面料贴紧身体，在背部则保持宽松的轮廓和丰富的量感，塑造出独特的侧面造型。较短的斗篷常在肩部增添设计趣味，缝入领口的圆形斗篷造型与紧身的连衣裙形成对比效果。从保罗·波烈（Paul Poiret）到川久保玲为CDG的设计中都可以找到传统的斗篷造型和夸张的衣领设计。

紧身的超短连衣裙由混色的方平组织图案面料制成。袖山头与肩膀上部相连，腋下不封口。袖子覆盖在裸露的手臂之上，增添了量感并形成斗篷效果。圆形领口和贴袋设计使整体造型更完整。

左肩不对称的斗篷造型与前后腰部相连，类似肩章的饰物强调了其大衣造型。

领口和袖子还可以设计为：圆领、前系扣设计和喇叭形袖子。

典型特征

☑ 从雨披、披风、斗篷和夜礼服大衣中获取设计灵感

☑ 建立在圆形造型的基础之上

☑ 前身衣片的开口设计方便了手臂的活动

1.超大的袖子围裹身体，模拟了斗篷的造型。鞍形肩部设计搭配落肩袖，腋下开衩方便手臂活动。2.这件防风斗篷设计有系扣肩章，衣领设计有颈部系扣，斗篷与上衣以系扣方式相连。3.衣服两侧的纵向褶裥塑造了硬挺的矩形信封效果，延长的方形肩线塑造出斗篷效果。4.夸张的梯形轮廓与喇叭形的七分袖塑造出斗篷效果。5.装饰繁复的连衣裙，夸张的肩部造型与衣身V字形的开口构成了设计焦点。6.合体的羊毛连衣裙，及膝裙摆微微展开。超大的喇叭形衣领翻折后垂至袖窿，形成斗篷效果。7.剪裁自圆形面料的衣褶形成胸前装饰，衣褶延伸至袖窿和肩部，形成斗篷效果。8.量感丰富的及地长斗篷，袖子为一体设计。圆形的领口与袖窿弧线剪切成斗篷形状，延续了曲线形的线条特征。

文化影响（CULTURAL INFLUENCE）

丰富的世界文化遗产宝库为各个时期的设计师提供了服装廓型、图案、色彩、面料与设计细节等多方面的灵感来源与参考素材。

量感丰富的面料轻柔地在腰线处聚集，以别致的金属带扣腰带系紧。袖子和衣身为一体设计，由一块完整面料裁剪而成，衣褶倾斜而下与裙子相连。左侧对比式样的紧身针织上衣构成了延伸至腰部的深V形低胸领口。

设计背景

罗兰·阿什莉（Laura Ashley）定义和表达了20世纪70年代田园风格的浪漫情调，这种风格通常被视为英国乡村或美国草原风格的代表。这件连衣裙由碎花、泡泡袖和甜美的荷叶边装饰，颇具代表性，呈现出一种天真烂漫、无忧无虑的少女形象。

在服装发展的历史中，具有历史感与文化内涵的服装和纺织品常被作为设计素材反复使用。由战争带来的军事征伐以及随之而来的战利品等珍稀商品被运送到世界各地，被不同的文明所接受。各大洲之间的国际贸易促进了文化交流，使不同思想之间的交流与碰撞成为可能。伴随着先驱移民者寻找新大陆的过程，传统文化和工艺技术流传到海外，与其他文化融合，传播了知识、思想、价值观和哲学观，新的着装方式也由此形成。

人类对于收集和诠释的渴望才有了博物馆的建立，展示出了丰富多样的收藏品，普通人无须旅行也能观赏到国外有趣的文物和艺术品。

移民一直是文化交流的催化剂与种族融合的熔炉，这一点在大城市中体现得尤为明显，这些城市提供了丰富的、令人兴奋的多元文化与灵感。低成本旅行让世界变得如此触手可及，人们由互联网也可获取丰富的信息，国际文化的影响已经渗透我们的生活。

设计师们总是能够充分利用所有可用的资源。相比其他设计师而言，高田贤三（Kenzo）、安娜·苏（Anna Sui）和贝齐·约翰逊（Betsey Johnson）不仅关注时装和纺织品的文化宝库，同时也更广泛地研究纯艺术、装饰艺术、建筑艺术、历史与流行文化。跨越国家的文化融合与工艺的发展影响了时装品牌的历史进程。来自各大洲的设计总监们，改变了米索尼（Missoni）、香奈儿、纪梵希、圣·洛朗和巴黎世家等品牌的发展方向。

希腊雕塑的慵懒之美启发了格蕾丝夫人，由此创造出令人惊叹的现代长裙。在整个20世纪30年代和40年代，格蕾丝夫人用量感十足的面料手工制作了这些褶皱长裙。图中横向褶皱的处理实现了收腰的视觉效果，纵向的褶皱使身形显得修长。

设计要点

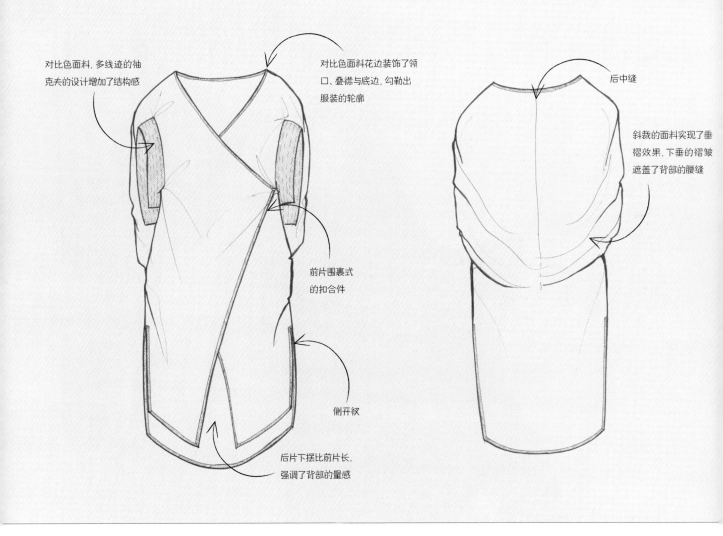

对比色面料,多线迹的袖克夫的设计增加了结构感

对比色面料花边装饰了领口、叠襟与底边,勾勒出服装的轮廓

前片围裹式的扣合件

侧开衩

后片下摆比前片长,强调了背部的量感

后中缝

斜裁的面料实现了垂褶效果,下垂的褶皱遮盖了背部的腰缝

廓型: 服装廓型是由设计师所借鉴的灵感来源所决定的,可以很宽大,包裹并遮掩身体的轮廓;或者也可以很纤瘦,如同紧身衣一般。从宽松舒适的廓型,到均码式样,再到半紧身或紧身造型,服装的廓型设计始终受到文化主题的影响。

衣长: 服装的长度或短而时髦,或长而保守,其变化反映出文化的灵感。多层服装的造型成为了普遍的时尚趋势,而不对称的裙摆造型则使裙长与廓型的定义变得模糊。

面料: 风格的文化起源可以通过丰富华丽的纺织品得以诠释,从轻薄的雪纺和日光褶丝绸面料到用于制作垂褶和堆褶的针织面料,再到上等细棉布、细羊毛、真丝电力纺、毛圈薄纱、泡泡纱、粗棉布、平布、麻布、花式纱织物和磨砂丝绸,加上机织丝绸锦缎、提花织物、条纹棉布、纱线扎染布、蕾丝和绣花的织物、花卉和几何图案印花、蜡染和蓝染、马德拉刺绣、做旧人造丝,和其他人造面料以及其余多种面料等,都可用来表现特定的设计主题。

装饰: 蕾丝、织带、缩褶、刺绣、珠饰、装饰线迹、细褶、滚边、抽褶、纺锤形纽扣、绗缝、贴花和拼布等组成了众多可供选择的装饰手法。

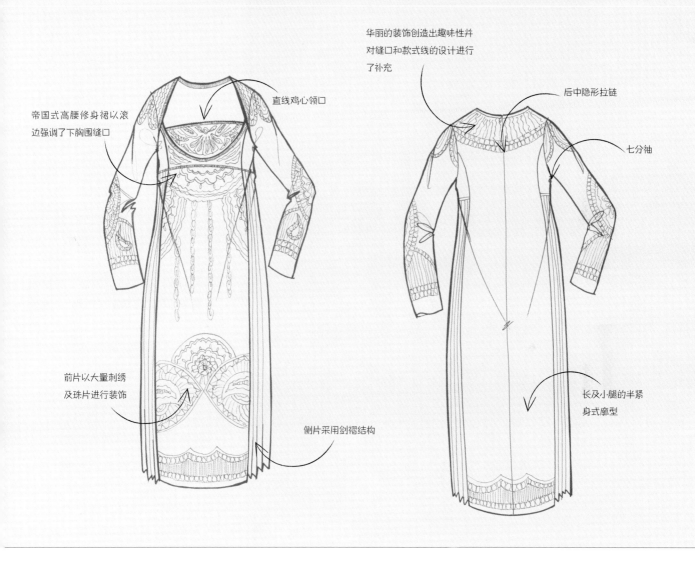

帝国式高腰修身裙以滚边强调了下胸围缝口

直线鸡心领口

华丽的装饰创造出趣味性并对缝口和款式线的设计进行了补充

后中隐形拉链

七分袖

前片以大量刺绣及珠片进行装饰

侧片采用剑褶结构

长及小腿的半紧身式廓型

领口：领口的设计是服装设计中重要的设计特征，因其可展示出极为诱惑的胸部造型，或用一字领显露出圆润的肩部曲线。领口可以是V形领、圆领或U形领、船形领或设计为具有装饰性的育克造型。文化的灵感决定了领口线的样式以及衣领和育克的造型，塑造了设计的中心点。

袖子：袖子可以塑造出戏剧化的装饰效果，从而定义了服装的外观和主题。以

土耳其长袍为例，服装整体为矩形，袖子与衣身合为一体。落肩造型通常用来模拟和服袖子或更为西式化的土耳其长衫。更为精致的款式可设计有抽褶的袖山和袖口。细肩带、盖肩袖或短款泡泡袖可以塑造更为柔和而女性化的美学效果，在波西米亚风格与草原风格的服装中体现得尤为明显。

波希米亚风格

"波希米亚"一词体现出多元文化的影响，带有吉普赛式的浪漫美感，以充满活力的游牧风格与无拘无束的生活方式为代表。波希米亚风格的服装反映了这种精神内涵，并在20世纪70年代的嬉皮士潮流中找到了设计灵感。这一风格混和搭配了各种不同的民族风格元素，如同穿着者曾到世界各地旅行，一路收集带有装饰风格的纺织品和服装，汲取其中具有特色的款式、图案和色彩并将其融合到一起。

柔软的剪裁和垂褶、混和搭配的面料材质以及大胆地运用印花与面料纹理是这一风格的特征。在设计过程中可添加手工缝制的装饰，也可以运用饰带、丝带、结带、皮条、花边、羊毛织物和毛皮等装饰细节。收褶、抽褶、褶裥、层叠等设计手法可用来增添量感，塑造出女性化的美感。扎染、蜡染、拔染和浸染以及运用蓝染技术制作的溢染印花等，都可以用来体现民族工艺与风格。

波西米亚风格强调层叠感的宽大廓型可设计出不同的裙长，如超短裙、中长裙、及踝长裙。裙摆可设计为不对称的手帕式裙摆，或设计有衬裙。裙子可以为无袖，或设计有褶皱袖山和袖口的蓬松大袖。

这件阿兹特克民族风格的太阳裙设计有几何印花图案，裙摆的印花宽边与上衣胸前的围兜装饰相呼应。围兜的圆齿形边缘装饰有刺绣，并以纽扣门襟为中心左右对称，门襟开至臀围线上。

这个印花太阳裙设计有小圆领，与袖窿的设计相呼应，呈现出运动装的剪裁风格。拼接而成的裙摆量感丰富，且向外展开。

领口还可以设计为：深V形领口与胸下束带

典型特征
☑ 民族元素、印花和面料纹理的混合使用
☑ 宽大的廓型
☑ 手工缝制的装饰品

1.这件超短直筒裙设计有钩编的颈部贴边，贴边向下延伸形成胸前的装饰细节。裙子的侧片还设计了大量的刺绣装饰以及底摆的蕾丝宽边。2.长及脚踝的裙子在高腰线处抽褶使其更有量感。横向的饰带为裙子增添了结构感和设计趣味。3.简洁的丝质A形裙，胸部和薄纱袖子上设计有华丽的装饰。4.育克、长袖与衬衫裙印有对比强烈的印花图案，呈现出具有民族风格的波西米亚造型。5.在综合运用的多种印花图案强调了服装的设计细节与特征。6.这件印第安纳瓦霍风格的超短连衣裙设计有U形领口，裙摆用羽毛作装饰，胸前装饰大量使用了刺绣贴花。7.高腰设计的乡村风格中长裙以黑色平纹棉布制作而成。色彩亮丽的绣花装饰了上衣和裙摆。8.宽松的乔其纱连衣裙设计有同料的领口和腰部抽带。袖口和下摆的褶边设计与腰部抽褶相呼应。

>这件天鹅绒连衣裙和短外套使用拼布的设计手法。服装的廓型、比例、绳带和流苏的设计体现了20世纪六七十年代反传统文化潮流的魅力，整体设计并运用了不同的工艺手法与时尚概念。

这件棉质连衣裙设计有大U形领口线，与袖子的形状和裙摆的丰满造型相呼应。民族风格的花朵贴花缝制于腰部和裙摆，点缀了整体的造型。

领口和袖子还可以设计为：方形领口和喇叭形短袖

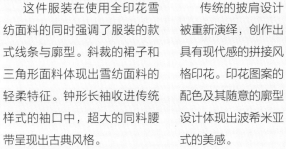

这件服装在使用全印花雪纺面料的同时强调了服装的款式线条与廓型。斜裁的裙子和三角形面料体现出雪纺面料的轻柔特征。钟形长袖收进传统样式的袖口中，超大的同料腰带呈现出古典风格。

传统的披肩设计被重新演绎，创作出具有现代感的拼接风格印花。印花图案的配色及其随意的廓型设计体现出波希米亚式的美感。

颇具现代设计感的民俗风格蕾丝面料，被设计成简洁的土耳其长衫造型，以最大程度地展现面料的设计细节。利用蕾丝的设计代替了款式线来突显体形，强调出服装的比例特征。

草原风格

草原风格服装源自于美国中西部造型与形象，代表了开拓者们的理想、情感与价值观念。这一风格在影视作品 *Calamity Jane*、*The Waltons*、*Little House on the Prairie* 及 *Anne of Green Gables* 中都有所体现。

在纺织面料中会用到印第安纳瓦霍几何图案、扎染、牛仔女郎条格图案、马德拉刺绣、刺绣、蕾丝花边、细褶、拼布、方格图案、牛仔布以及仿麂皮流苏等。草原风的廓型可以包括长及小腿或及地的抽褶裙；高腰或收腰、层叠或可外穿的蕾丝衬裙以及用流苏装饰的斗篷造型土耳其长衫等。裙子也有不同的款式，如罩衫裙、针织裙、费尔岛式套衫裙、牛仔裙、及踝的骑马裙以及宽大的衬衫裙等。装饰方面包括印第安风格的流苏装饰育克、裙摆和袖子、民间手工艺、印度珠绣、鞍形金属件和皮绳等设计细节。服装造型可以搭配女式牛仔靴、皮带和马鞍包等。

草原风格是美国设计师拉夫·劳伦的标志性风格。而"自然调"作为一种流行趋势产生于20世纪70年代的日本，体现出怀旧的田园风格。劳拉·阿什莉（Laura Ashley）在七八十年代以其层叠的棉质印花连衣裙令草原风格广泛流行。这一风格在马克·雅可布的2009春夏系列和罗达特（Rodarte）带有拼布、小麦印花、乡村风格长外套的2011秋冬系列以及伊莎贝尔·玛兰（Isabel Marant）的2011秋冬系列中都有所体现。

这件连衣裙设计有连身盖肩袖与简洁的一字形领口，采用了繁复的印花面料。宽松的上衣、及踝的褶裙与民族风格的编织腰带等设计细节为服装增添了女性气质并塑造出精致的嬉皮格调。

超大的剪裁手法塑造出这件休闲易穿的服装。宽大的连肩袖设计量感十足，松紧带领口线亦可露肩穿着。条纹腰带设计打破了醒目的印花面料并强调了腰线，裙子的褶皱增添了量感。

典型特征
☑ 怀旧的美国中西部审美趣味
☑ 马德拉刺绣、条格与牛仔布
☑ 刺绣、花边、细褶和金属装饰
☑ 层叠与衬裙造型

1.双层设计的连衣裙，裙子的外层在臀围线正中打褶固定，从背面看有裙撑般的设计效果。2.衬衫风格连衣裙，腰部抽褶，少女式的裙摆，以荷叶边装饰底边。上衣前片用细褶与荷叶边嵌条装饰，展现出草原风格。3.曳地长裙，多层雪纺裙摆搭配荷叶边。4.及踝长裙，长袖收进宽袖口，强调了面料本身的垂感。肩部、袖口和腰线处的抽褶细节设计与面料的垂褶之间取得了巧妙的平衡感。5.半紧身太阳胸裙，紧身上衣搭配A形裙。宽圆花边领、曲线形前育克及泡泡袖，都以同料的荷叶边作为装饰。6.醒目的腰带设计定义了这件裙子的廓型。大圆领口线正中设计有V形剪口。连肩式短袖设计营造出20世纪50年代的风格。7.传统的半紧身衬衫上衣与少女式的短裙设计，裙摆的镶边细节强调出裙子的饱满特征。8.镶边设计细节强调了领口线、低腰线和裙边，塑造出具有现代感的乡村风格。

希腊风格

希腊风格以传统的希腊古典服饰为蓝本，从古希腊雕塑服饰中获取灵感，衣服贴合人体且富于流动感，能够恰到好处展现身体的轮廓，设计师可以根据其设计特点选择强调或遮掩不同的部位。为了实现希腊古典美中的流动感，面料采用立体裁剪而非平面打版的方法，创造出奢华灵动的褶裥和突显身形的垂褶。这种剪裁技术在20世纪30年代由格蕾丝夫人开创，当时她制作出了精巧的带有纵向垂褶的针织礼服长裙。与格蕾丝夫人一样热衷于设计古典礼服裙的还有设计师马瑞阿诺·佛坦尼（Mariano Fortuny）、雷蒙德·邓肯（Raymond Duncan）和玛德琳·薇欧奈。佛坦尼精通希腊艺术与服饰，并能够广泛地借鉴多元文化及各种民族服装。以上因素的影响赋予其丰富的色彩感并设计出了精美的面料，他还首创设计了丝质褶皱特尔斐连衣裙，这件连衣裙让人联想起希腊式圆柱，至今仍被人们穿着。三宅一生在20世纪90年代推出的三宅褶皱（Pleats Please）品牌，吸收了佛坦尼易于穿着的舒适美学精髓，并将其演绎成便于机洗且轻薄的聚酯纤维褶裥。

希腊风格对服装的影响可以通过多方面体现，从富于动感的不对称垂褶连衣裙、及地的束腰式外衣，到细褶修身直筒裙都不同程度地受到影响。许多当代设计师都以此为参考并对希腊风格所展现的永恒的古典美表示由衷地赞许和认同。

放射状的缝份线迹和斜向拼接裁片突显出深 V 形领口。蝙蝠袖使整体造型更加完美。

领口还可以设计为：一字形领口搭配曲线造型的腰带。

带有纱笼式围裹风格的抹胸长裙。尽管外观简洁，这件连衣裙设计有结构考究的衬裙，形成一种隐形支撑。

典型特征
☑ 灵感来自于希腊雕塑式的垂褶
☑ 可不同程度地展示或遮掩身体的轮廓
☑ 采用立体裁剪而非平面剪裁的方法，制作出富于流动感的褶皱

1.醒目的红色曳地晚礼服。左侧肩部的褶皱与左侧罩裙的垂褶装饰形成镜像效果。2.对圆形斜裁、抽褶、不对称垂褶的综合运用，构成了经典的希腊式风格。3.几何式的矩形裁片通过抽褶形成柔软的褶皱。不对称的垂褶包裹左肩，右肩裸露。4.以简洁的迷你连衣裙为衬裙，裸色面料自皮质肩带下垂，形成不对称的设计效果。5.这件连衣裙混合了希腊与印度纱丽风格，单侧长袖与裸露的手臂形成鲜明对比，为这件鸡尾酒裙增添了不规则的设计感。6.紧身上衣修饰了胸部并作为内衬，外层雪纺面料形成的褶皱延伸至肩部和衣袖，交叠后在腰部固定。细腻的褶皱为曳地长裙增添了量感与层次。7.富于造型感的小圆领颈部配件是这件连衣裙的设计重点，并与奢华的面料形成对比。8.纯色与透明的渐变印染面料为这件纱笼风格的晚礼服带来柔美的外观。

1.短款无袖丝缎溜冰裙。对比强烈的黑色V领嵌条与插肩袖造型的黑色镶边相呼应。2.宽松的丝缎质地，不对称下摆礼服裙。裙子右侧的垂褶形成了兜帽式的设计效果。3.半透明欧根纱制成的修长优美的曳地长裙。烫金面料为抹胸上衣带来光彩动人的视觉效果。4.方正的一字形领口线强调出这件连衣裙的箱型外观。5.优雅、不对称的针织面料单肩直筒连衣裙。袖子和衣身采用一体式剪裁，宽大的袖子使垂褶更加明显。6.风琴褶在腰部固定，突显身形。深开的无袖式袖窿与裁片的方形外观保持一致。7.面料自右肩轻柔下垂，形成单侧宽袖。装饰带强调了不对称的领口线，为展开的雪纺面料增添了趣味性。8.对比色的宽边自左肩下垂，绕过底边转入背面，在侧缝处制造出卷边和垂褶效果。

9.深开的V字领丝绸连衣裙，曲线形腰线设计。喇叭形裙摆的日光褶侧边裁片增添了量感。10.紧身上衣被裁剪为在前中扭结的样式。圆形裁剪的日光褶裙摆让人联想起古希腊式的立柱。11.多层雪纺抹胸连衣裙，层叠的下摆长度各异。12.斜向面料构成了这件单肩连衣裙的领口。另一边简

洁的肩带设计防止裙子下滑。13.古罗马式的长袍、和服、印度纱丽、土耳其长衫等设计元素在这件及踝长裙上都有所体现。14.造型简洁、宽大的矩形轮廓斗篷式上衣，前片多余的面料在一字形领口处形成褶皱。15.这件连衣裙看上去是由一定长度的面料通过围绕身体打褶与系结的方式

构成，而事实上是由精致的立裁塑造出的新颖廓型。16.透明的雪纺面料由肩部开始打褶，以对比色的腰带固定于腰线处。肩带点缀了深开的方形领口线。

水洗丝绸礼服从左肩开始打褶、下垂，覆盖胸围线，形成帝政式的设计效果。左肩褶皱的多余面料自然下垂，强调了希腊风格。裙摆饱满，不对称的裙摆最短处刚过膝盖。巧妙的印花位置强调了连衣裙的整体造型。

雪纺曳地晚礼服裙，前开衩开至大腿，别致的同料肩带设计装饰了领口，双肩带设计具有类似的装饰效果。大面积的色彩、丰盈的裙摆与多层雪纺面料搭配，营造出戏剧性的设计效果。

金银丝针织面料吊带领连衣裙，夸张的垂褶领开至腰部。上半身为宽松式低腰衫设计，裙摆设计有垂褶，侧缝处打褶并设计有隐形口袋。

袖子还可以设计为：加长肩线并打褶，构成有褶皱的盖肩袖。

＜V形领口设计、不对称连衣裙，加长的肩线与深开的袖窿与整体宽松而垂坠的设计风格相呼应。偏离中心线的V形领口造型与左侧垂褶设计相得益彰。

富于流动感的帝政式曳地长裙，大量的面料在肩缝处打褶，形成了蝙蝠袖与深V形领口线。衣服的上半身在下胸围缝口出微微打褶，裙摆面料大面积地展开，颇具视觉效果。

　　带有拖尾的
丝缎单肩曳地长
裙。斜裁面料使
裙子贴合身体轮
廓，减少了省道的
使用。夸张的裙长
与鸵鸟羽毛为裙
子增添了魅力。

　　领口和袖子
还可以设计
为：V形领口搭
配延长的肩线，
不对称的外层肩
带延伸至侧缝。

　　斜裁曳地晚礼服
裙摆展开，上半身
为交叉设计，面料
向上延伸形成宽肩
带。斜裁的面料贴
合身体曲线至臀部
以下，与大裙摆设
计形成对比，裙摆
造型与斜向肩带相
呼应。

　　这件具有戏剧性视觉效果的晚
礼服有深V形领口，覆盖胸部的流
苏被金属配件由下胸围至腰部固
定，流苏由腰线下垂至裙摆，可
随着步伐自由摆动。分层的流苏
设计覆盖臀部。曳地的内层裙摆
设计有拖尾，开至大腿的开衩分
别置于中线两侧。

1.这件连衣裙的裙摆由多层雪纺面料制成，塑造出飘逸的外观。面料通过扭结制作成领口和肩带。2.左侧的蝴蝶袖与右侧的无袖形成对比。上衣的垂褶在腰部右侧亮片装饰处抽褶。褶皱自裙摆右侧垂下。3.真丝电力纺长裙有着深V形领口。绣花、亮片装饰的腰带与领口的造型相呼应。4.由抽象的印花面料制作成细腻的日光褶，船形领口和系结式腰带处打褶，为简洁而方正的廓型增添了设计感。5.无袖超短连衣裙，层叠的流苏覆盖衬裙。6.不对称围裹式连衣裙，裙摆复杂的褶皱设计与渐变的面料处理相呼应。7.紧身上衣覆盖的流苏构成了双肩带的设计细节。下半身为超短裙，分层的流苏自然下垂。8.蝙蝠袖叠襟连衣裙。宽松的蓬腰式上衣盖住腰带，打褶的裙摆设计有扭结的底边。

阿拉伯长袍风格

起源于东方的阿拉伯长袍逐渐演变为宽松的长款连衣裙，通常搭配腰带，宽大的袖子可与衣身相连。阿拉伯长袍起源于波斯、摩洛哥与非洲等地，色彩丰富，装饰繁多。20世纪60年代末与70年代初，嬉皮士采用了具有民族风格的阿拉伯长袍作为他们的时尚标识。

尽管造型并不贴合身体的曲线，阿拉伯长袍仍不失其性感魅力，服装面料柔软而飘逸，肩膀和乳沟若隐若现。环绕身体的腰带系于前中或后中塑造出服装的廓型。几乎所有的装饰都集中于领口、育克、袖口、腰部或下摆。这是一种能与服装配饰相得益彰的理想款式，因此将衣服本身的装饰控制在合理范围内也许是理想的选择。文化元素对阿拉伯长袍的影响可以通过华丽的面料、大胆的印花与强烈的色彩体现。

设计师塔利塔·盖蒂（Talitha Getty）和黛安娜·弗里兰（Diana Vreeland）以阿拉伯长袍风格而闻名，艾米里奥·普奇（Emilio Pucci）、罗伯托·卡沃利（Roberto Cavalli）和迪奥已经将阿拉伯长袍融入其服装设计系列作品中。阿拉伯长袍适合于在夏季穿着，其宽大的袖子可使人感觉凉爽，同时还可作为理想的沙滩服装。

镂空蕾丝镶边成为这件阿拉伯风格超短裙的主要设计特征。蕾丝的颜色比服装面料稍暗，与低腰松紧腰带相呼应，营造出运动美感。

以精致的雪纺面料为基础，民族风格的珠片刺绣勾勒出V形领口，修饰了面部轮廓，并将视线吸引至衣身精美的装饰图案。纵向的刺绣图案设计使廓型显得修长，削弱了宽幅剪裁所带来的影响。

典型特征
☑ 宽松的长裙与宽大的袖子
☑ 柔软的面料与飘逸的裙摆
☑ 色彩丰富、装饰性强
☑ 着重装饰领口、育克、袖口和底边

1.大圆领口开有中缝，胸部开口并系于颈部。衣身和袖子为一体式剪裁。2.及踝雪纺长裙，饱满的圆形剪裁。面料在腰线处以对比色的装饰性腰带系紧。3.船形领与和服袖使这件造型简洁的阿拉伯长袍得以完整地展示其夸张的印花图案并保留视觉焦点。4.图形色块为这件造型柔和的超

短裙提供了理想的背景。一字领形成的直线条与拼接片的造型相呼应，与垂坠的袖子形成对比。5.大型的定位印花与服装的造型和人体的轮廓相融合。6.长袖连衣裙，深开的一字形领口两侧装饰有同料贴边，为整体的简洁造型增添了趣味感。7.简洁的阿拉伯长袍造型，印花的设计模拟

出育克及上衣裁片的造型。8.由颈部下垂的褶皱塑造出圆润的造型，与手帕式的裙摆形成对比。

这件对比色的阿拉伯长袍风格的连衣裙采用夸张的剪裁手法，塑造出富于灵动感的飘逸效果。斜向裁片的设计与领口线和袖子的形状相融合，同时，面料的量感营造出理想的廓型。

蒙德里安式的纵向色块强调了这件阿拉伯风格连衣裙几何式的外观。下落的肩线、宽大的袖窿与深开襟无领领口都体现出传统阿拉伯长袍的典型特征。

色块还可以设计为：V字形色块。

这件及踝直筒连衣裙设计有古希腊神话主题的马赛克风格定位印花，壁画风格的边缘点缀了领口、袖口和底边。和服式的宽松袖子与下垂的侧袋塑造出舒适的外观。

1.含蓄的不对称设计，柔和的V形领，右侧垂坠的面料塑造出深开的连身袖窿。2.柔软的面料在领口边缘处微微打褶，塑造出裙身的丰盈感。3.方形领阿拉伯风格连衣裙，造型方正的袖子与低开的方形袖窿相连接。4.真丝雪纺及踝连衣裙覆盖身体。紧贴颈部的漏斗形领口设计与饱满的裙摆形成对比。5.量感丰富的曳地阿拉伯长袍，巧妙地运用色块点缀了方形领口和侧缝。背部裁片于正面可见，塑造出茧形效果。6.圆领连衣裙，前胸深开一字领。装饰有图案的臀部绑带塑造了身形，为深色连衣裙增添了趣味。7.色块塑造出强烈的几何外观，与飘逸的面料形成对比。夸张的侧开衩使裙子更具飘逸感。8.褶皱设计形成了风琴式的效果，特别是下摆，下摆的褶皱可以随着模特的行走上下移动。

和服风格

传统的和服由12米（13码）长的面料制作而成，多块长方形面料组合成T字形，无须省道。造型方正的袖子，腋下有开口。和服的门襟由颈部一侧向下延伸至对侧，有时比衣长短。和服通常以精美的面料制作而成。传统的和服以围裹的方式穿着，系和服式宽腰带。改良的西化款式则束以腰带。

作为日本的传统服饰，和服至今仍作为艺伎服装与特殊场合着装使用。它是财富和地位的象征，精致的梭织面料及手绘面料仍沿用古老的方法生产。和服的造型已逐渐融入西方服饰的特征，与阿拉伯长袍相似，和服造型易于穿着且舒适美观，大部分体型均可穿着。和服袖等传统的设计元素常被运用于没有前开口的服装设计中。

设计师通常从和服中提取设计元素作为灵感，而非全盘复制。艾米里奥·璞琪（Emilio Pucci）、德赖斯·范诺顿（Dries Van Noten）、海德·艾克曼（Haider Ackermann）、爱马仕（HemEs）、法奥斯托·普吉立斯（Fausto Puglisi）、浪凡（Lanvin）、阿奎拉诺·里蒙迪（Aquilano.Rimondi）、约翰·加利亚诺品牌现任掌门人比尔·盖登（Bill Gaytten）、穆勒（Mugler）以及品高的Uniqueness系列，这些设计师和品牌大多运用和服的量感和比例作为设计要素，将其演绎为连衣裙，而普拉达和艾特罗（Etro）更是把日本和服造型元素运用到了2013年春季的裙装设计中。

斜裁的矩形面料，醒目的条状色块如同航海旗帜一般，斜向线条贯穿衣身，垂至手帕形底边。和服袖与衣身为一体式剪裁，长方形面料强调了和服的美感。

宽大的迷你直筒连衣裙，落肩设计。低开的大V字形镶边领口模仿了和服的门襟设计，与底边相呼应。醒目的黑白色系数码印花与贴花图案形成对比，具有和服面料的图案效果。

典型特征
☑ 矩形面料、无省道、T字造型
☑ 几何感方形袖子
☑ 叠襟穿着，有时搭配和服式的宽腰带
☑ 奢华、精致的面料

1.和服风格的叠襟超短连衣裙，装饰以精美东方风格的刺绣图案。2.置于胸部的丝质织锦束带与天鹅绒裙摆相连。渐变色雪纺面料制成的和服袖子长至指间。3.一字领与和服袖点缀了简洁的矩形剪裁轮廓。黑色宽条纹在色彩明亮的抽象几何印花衬托下，突显出高腰线的视觉效果。4.和服式袖子的几何形状与长而合体的裙身形成对比。下摆前短后长，露出衬里。5.夸张、醒目的围巾印花，设计成曲线形下摆。右侧为和服袖，左侧无袖。6.方形领口、和服袖与下落的肩线，其轮廓与裙摆柔软的褶皱之间取得了平衡。7.斜裁使连衣裙的方形线条变得柔和，在领口处与深开的袖窿形成垂褶。8.这件围裹式连衣裙借鉴了传统的和服造型。袖口和背部的刺绣保留了艺妓着装的风格特征。

>这件连衣裙在设计中运用了经过解构和重新演绎的和服款式。设计师混合使用了矩形和圆形，并将和服的饰带与斜裁的圆形相融合，塑造出褶皱裙摆与直线形的底边。哑光与闪光面料的使用为裁剪工艺锦上添花。斜向裁剪的上半身，露出一侧香肩。

对比效果的几何印花组合印制在丝缎面料上，为简洁的廓型增添了趣味。这件连衣裙由一整块面料裁剪而成，设计有一字领与和服袖，同时借鉴了阿拉伯长袍与和服的设计风格。

这件和服风格的超短连衣裙灵感来源于围巾印花，考虑到了印花边缘的位置与前中、下摆和袖子的造型关系，最大程度地体现出印花的装饰效果。印花的设计强调出服装整体的廓型与对称感。

这件连衣裙的裙身与袖子由一整块面料裁剪而成。硬挺的欧根纱和服袖挺括的造型感，形成盖肩袖效果。面料的肤色色调与透明感使裙子犹如第二层肌肤。纵向铆钉组合设计考究，由前后中心线向下排列，为原本透明的裙子提供了遮挡。

这件连衣裙的结构看上去如同两条围巾连接在一起。醒目的大印花占据了前后衣片的中心位置，围巾的边缘则装饰了裙子的一字形领口线、肩线、袖窿和下摆。衣片的边缘装饰以卷边，保留了围巾的设计传统。

1.宽大的和服袖自领口线向外延伸，构成了领口造型。敞开的领口线修饰了面部轮廓。2.立领领口和前育克上醒目的几何印花显示出和服元素的影响。3.不对称的裁片将印花与色块融合。领口的叠襟设计与宽大的袖子显示出和服风格的影响。4.查尔斯顿风格的低腰直筒连衣裙长及膝盖。层叠的流苏由臀部环绕至下摆。5.未缝合的腋下缝口参考了和服的设计风格。对比色面料与重叠的上身设计使这件连衣裙看上去犹如两件独立的服装。6.简洁的直筒造型，小圆领与圆形剪裁的和服袖形成对比。7.不对称的叠襟设计与长短不一的裁片造型塑造出带有和服风格的抽象风格服装。8.连衣裙的造型来源于土耳其和东欧风格的影响，而和服袖的设计则显示出多元文化的设计风格。

曳地丝质针织连衣裙，V形领口线开至腰部。上身与及肘长的和服袖为一体式剪裁，最大限度地保证了垂褶的流畅。宽腰带塑造了裙子的外形，将修长的裙摆与上衣分隔开。开至大腿的前中开衩与深开的领口线相呼应。

宽松的叠襟曳地连衣裙，衣身与袖子为一体式剪裁，腰部固定以强调身形。简约的造型很好地展现出裙身醒目的印花图案。

醒目的日式风格花朵印花让人即刻联想起和服。V形领口、围裹式的衣身及高腰线设计都体现出了和服风格的影响。

中国风格

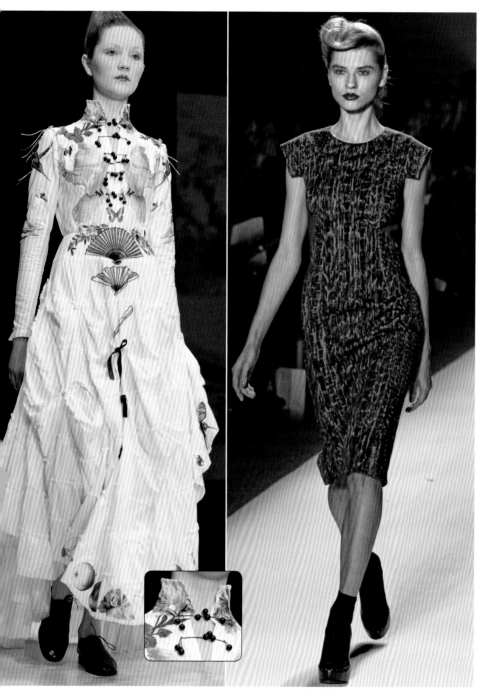

中国风格（Chinoiserie）源自于法语词汇中的中国一词，中国风服饰的灵感来自于亚洲的艺术、设计与工艺。保罗·波烈奢华的设计作品可以看出20世纪20年代的人们对于东方风格艺术的迷恋。典型的旗袍设计有中式领，斜开襟开至腋下。这种合体的连衣裙设计有侧开衩，露出腿部，裙长可由及膝至及踝。异国情调的丝绸面料、花卉和龙的刺绣图案，手绘的鸟类与竹子印花以及青花瓷风格的蓝白图案等，都是中国艺术风格的典型特征。

在2004年，汤姆·福特在其为圣·洛朗品牌设计的系列作品中大量采纳了中国风设计元素，引入了塔肩造型，并重新演绎了YSL公司在1977年推出的名为"鸦片"的香水形象。罗达特2010/11秋冬系列以及路易·威登2011春夏系列都显示出中国艺术风格的影响。保罗·史密斯2011年秋冬系列以及纪梵希2011春夏系列也成为了中国风主题下服装造型与面料运用的典范之作。

希望在日益繁荣的中国市场通过重新演绎中国文化元素并将其销售给中国消费者的西方设计师也许会失望。现代的中国女性更乐于购买西方奢侈品牌，而非本民族服装的西化版。然而，这并不影响西方设计师继续迷恋神秘、浪漫、充满异国情调的东方世界，因此，中国风的影响还将持续。

中式立领与盘扣设计为这件曳地外套式连衣裙带来东方风格的美感。合体的长袖与宝塔形的装饰育克相连。刺绣制成的扇子、花朵、水果与蝴蝶等装饰了这件裙子。

紧身连衣裙长至膝盖，以抽象印花设计的棉缎面料制作而成。这件连衣裙设计有圆形领口，直线形的盖肩袖造型如同肩章，体现出和服风格的影响。

典型特征
☑ 灵感来自于亚洲艺术、设计和工艺
☑ 中式领、开至腋下的斜开襟
☑ 充满异国情调的奢华面料和印花

1.极富戏剧效果的围裙式连衣裙设计有盖肩袖，里层搭配同料东方印花图案的上衣。2.横向与纵向的印花边缘设计有龙与扇子装饰图案。落肩设计的短直筒连衣裙，及肘和服袖。3.帝国式曳地长袖连衣裙。夸张的珠宝印花图案装饰了裙子，带来视错效果。4.简洁的高圆领和超短裙造型与装饰繁复的面料肌理之间取得了平衡。5.这件连衣裙的廓型类似中国的旗袍。金属光泽的金色织锦面料营造出服装的奢华之感。裙摆的开口设计成弯曲的郁金香形，带有纱笼的设计风格。6.前衣身与分片式的裙摆可以看出宝塔造型的影响。不同印花的高领、育克与袖子强调出东方风格。7.如同藤蔓一般的刺绣由肩部延伸至臀部，与裙子的A字造型取得了视觉上的平衡，并将视线吸引至俏皮的流苏裙摆。8.雪纺及踝连衣裙设计有分片式的鱼尾裙摆。轻薄而透明的面料塑造出近乎于裸体的美感，使表面的刺绣图案得以彰显。

205

>简洁的无袖直筒造型搭配V字领和低腰线。醒目的对比色刺绣装点裙身，鸵鸟毛裙摆带来轻松俏皮的外观。

这件漂亮的雪纺连衣裙大量使用了刺绣装饰，醒目的芍药花与面料的纤薄形成对比。服装的设计灵感来源于浪漫的衬裙，配以横向褶边与圆齿形的低腰线。

层叠设计的及踝连衣裙，塑造出完美的合体效果。花卉刺绣图案围绕身体，与整体造型相呼应。羽毛制成的围领使造型更具平衡感。

黑白定位印花的不同布局与裙子的设计相搭配，最大程度地突显视觉效果。鸡心形的领口线衬托了面部轮廓，斜裁使面料贴合身体轮廓，并且不影响印花的效果。

醒目的花卉印花比例夸张，用于制作这件简洁的斜裁雪纺裙十分理想。精致的肩带和轻薄的面料与印花形成对比。

具有现代感的传统薄麻布印花图案（Toile de Jouy pattern）。这件斜裁及踝直筒裙设计有深开的垂褶领，衣领与裙身衔接流畅。斜裁使裙子贴合身体轮廓。

和服风格的雪纺叠襟及踝长裙。饱满的长袖袖口打褶，使面料呈现出飘逸感。领口设计有纯色宽边装饰，在塑造造形感的同时与透明的哑光细节形成对比。中国风的印花与和服造型融合在一起。

简洁的紧身裙设计，斜裁的裙身贴合身体，搭配真丝雪纺制成的精致肩带，十分适合添加装饰。明亮而大胆的刺绣图案与贴花在简约的黑色裙身衬托下光彩夺目。

< 以中国风为灵感的船形领无袖织锦超短连衣裙。半紧身的外形简洁有力，与华丽的面料完美契合。刺绣装饰的长丝袜为理想的配饰。

这件醒目的烂花斜裁连衣裙贴合身体，下摆富于流动感。哑光与闪光相结合的面料特征为整体设计带来戏剧感。

特殊场合（SPECIAL OCCASION）

特殊场合着装几乎囊括了世界上所有令人惊艳和赞叹的服装款式。这些服装仿佛从童话故事中走来，诠释了人们关于浪漫与怀旧、成熟与优雅的审美理念，光彩夺目，令人难忘。

这件结构硬挺而具有流动感的礼服裙唤起了人们对于20世纪50年代好莱坞性感女星造型的回忆。垂褶领挂于颈部，与膝盖处的三层褶皱相呼应，塑造出经典的鱼尾裙效果。斜向打褶的面料突显出纤细的腰部以及丰满的臀部曲线。

设计背景

这件由迪奥工作室在1960年创作的服装体现了60年代鸡尾酒礼服裙的典型特征。衬裙式连衣裙以织锦面料制成，装饰有简洁而优雅的蝴蝶结细腰带，系于略低于腰线的位置。与之搭配的有晚礼服披肩、礼帽和及肘长手套。时尚偶像奥黛丽·赫本和杰奎琳·肯尼迪等都有穿着类似连衣裙所拍摄的照片，使这一造型成为时尚经典。

第二次世界大战结束后，"社交季"的回归重新树立并彰显出得体穿着的重要性。名媛，即出身显贵的年轻女性们开始步入社交圈并期待结识未来的夫婿。社交季由一系列华丽盛大的社交活动组成，持续整个夏季。出入这些社交场合需要穿着得体的服装，对当时的定制时装品牌与私人裁缝而言是一笔可观的收入来源。年轻的名媛们不愿穿得像自己的母亲一样，传统的晚礼服很快就过时了。因此，在20世纪50年代末期，定制设计师们发现越来越难以吸引年轻的客户，开始成立了成衣精品店，这些店面的产品保证了类似定制服装的工艺水平，并大大缩短了试装时间。

慈善舞会逐渐取代了私人舞会。20世纪70年代末的慈善舞会可通过买票入场，从而吸引了更多不同身份的赞助人。演员、音乐家、作家与贵族阶层为奥希·克拉克、桑德拉·罗德斯（Zandra Rhodes）等新一代设计师开辟了创作之路，这些设计师为正式场合带来了更加自然的着装方式。

到了20世纪90年代，随着名人效应及其影响力的扩大，出现了以红毯为形式的新的正装场合。华丽的礼服裙得以继续出现在奥斯卡颁奖礼等娱乐盛典上，这一时期的红毯礼服设计师包括艾利·萨博（ElieSaab）、范思哲（Versace）与瓦伦蒂诺（Valentino）。

特殊场合礼服裙通常只穿用几小时，因此，舒适并非需要首先考虑的因素。女性需要的是一种梦幻般的着装体验，以使自身与慈善晚会、基金筹集会或婚礼等特殊的社交场合相适应。甚至连穿着礼服时的动作，如系紧胸衣和扣紧纽扣，也成为了礼仪的一部分。

雅克·法斯（Jacques Faith）是一位颇具影响力的法国设计师，其客户群体年轻且国际化。这件衣服是20世纪50年代鸡尾酒会礼服裙的缩影，通过精确剪裁和比例展现出极致的美感以及对于完美的追求。收紧的腰围线、紧身上衣和饱满的裙摆突显出女性的体态，一字领设计使肩线延伸，将视线吸引至夸张的灯笼袖上。

设计要点

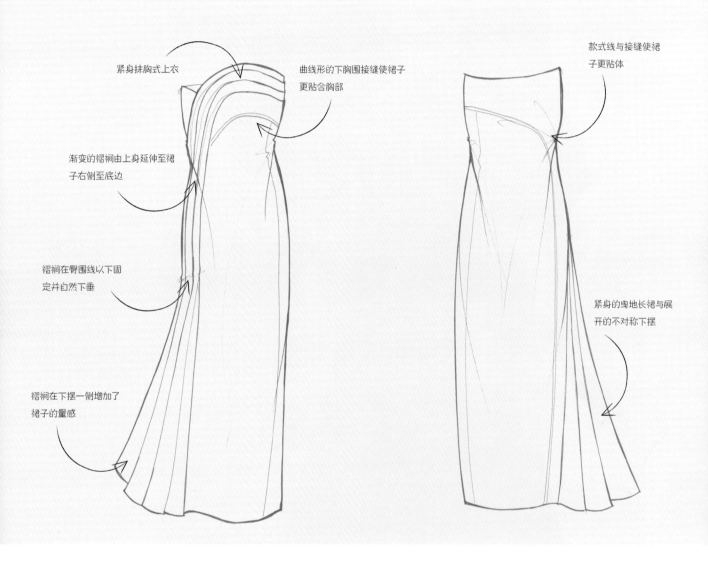

紧身抹胸式上衣

曲线形的下胸围接缝使裙子更贴合胸部

款式线与接缝使裙子更贴体

渐变的褶裥由上身延伸至裙子右侧至底边

褶裥在臀围线以下固定并自然下垂

褶裥在下摆一侧增加了裙子的量感

紧身的曳地长裙与展开的不对称下摆

廓型：特殊场合礼服通常为修身的合体造型，晚礼服贴合身体曲线，日间礼服强调腰身且更加硬挺。紧身胸衣和衬裙可帮助穿着者获得理想的服装廓型，在婚礼和舞会场合最受欢迎。

裙长：裙子的长度取决于穿用的场合，长度包括从短款的鸡尾酒会礼服裙，到新娘穿着的曳地及拖尾礼服裙皆可选择。出席日间特殊场合如婚礼、葬礼等仪式时，所穿用的裙装通常至膝盖，营造出整洁、优雅的着装效果。

袖子：根据穿用的场合与气候，特殊场合礼服可以选择抹胸、无袖、短袖、七分袖或长袖等造型。任何袖子与袖窿的设计皆可使用，只需与服用场合及所选面料相适应。

领口线和衣领：领口线的选择多样，或端庄或魅惑。在设计舞会与婚礼礼服时，设计的重点是低领且袒露。不同历史时期与文化背景下的服装为设计师提供了取之不尽的样式来源，具有戏剧性及夸张效果的造型成为首选。而在宗教洗礼、婚礼和葬礼中穿用的礼服则须选择保守的领口设计。

扣合件：扣合件的设计应不妨碍裙子的流畅感，可使用隐形拉链和接缝，或使扣合件成为装饰的一部分，例如纽襻和包

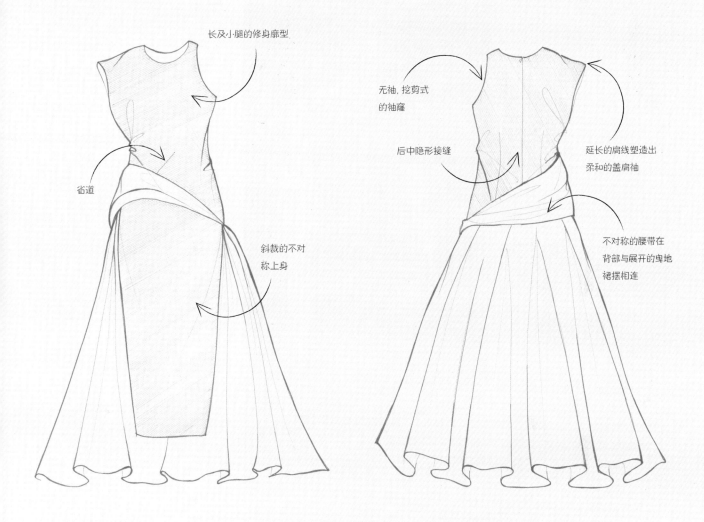

长及小腿的修身廓型

无袖, 挖剪式
的袖窿

后中隐形接缝

省道

斜裁的不对
称上身

延长的肩线塑造出
柔和的盖肩袖

不对称的腰带在
背部与展开的曳地
裙摆相连

扣。服装系带和纽孔的设计本身具有装饰性，还可以用来束紧腰部，塑造出理想的服装造型。

细节：精致的设计细节普遍运用于礼服裙的设计中，在塑造服装造型的同时增添了装饰趣味，如细褶、抽褶等。褶边、褶皱、荷叶边、蕾丝镶边与镶嵌等设计细节可使服装造型变得更加柔和而富有女性气质。在舞会礼服与婚礼服的设计中，趣味性的设计细节可位于背部，这一角度常被观赏。礼服的缝口和底边需反映出面料的品质，轻薄的面料应采用法式缝，下摆作细卷边处理。

面料：特殊场合礼服由于穿着频率低，面料的选择因此受到影响。精致的面料需要特殊护理和洗涤，可设计有大量的装饰。面料的选择是礼服裙设计开发中的重要一环，面料的克重、悬垂性和手感都应考虑到。大量的奢华面料，如真丝电力纺、塔夫绸和雪纺等，通常用于制作婚礼服、舞会礼服及晚礼服；硬挺的中厚或厚重型面料则被用来制作宗教洗礼或葬礼时穿用的服装。

正式场合

正式场合着装包含了广泛而多样的服装款式，从而体现出活动的传统、规则与社交礼节。以出席婚礼、宗教洗礼和葬礼的服装为例，正装礼服可设计为紧身或飘逸的款式，硬挺或垂坠的面料，长度可以由膝盖至脚踝，超短裙则不常见。婚礼场合的正装礼服通常采用有衬里且轻薄的梭织面料，例如乔其纱或雪纺，还可以选择性地运用色彩明亮的花卉图案或艳丽的几何印花。在服装的廓型方面，半紧身的廓型可采用硬挺的梭织面料，柔软的面料则用于体现裙装的量感。相比之下，出席葬礼所穿着的正装裙通常为黑色的合体造型，搭配外套和帽子遮掩头部、肩膀和手臂。

正装礼服的面料选择体现出男装的制作工艺，普遍使用西服料，设计成半紧身的造型，衣长至膝盖上下。类似的正装款式可用于出席婚礼和洗礼。色彩的选择很丰富，廓型可以设计为紧身或半紧身的造型，根据季节的不同采用中等厚度或厚重型面料。

优雅的连衣裙，中式领和盖肩袖设计体现出旗袍风格的影响。曲线形的育克裁片。柔软的哑光肤色丝绸面料垂至膝盖以下，塑造出休闲又精致的效果。

希腊风格的连衣裙，松紧式的前片设计塑造出紧身大摆连衣裙的造型，修饰了腰部曲线。柔软的褶皱向上延伸至船形领口，与肩带设计形成对比，呈现出古希腊式的美感。

典型特征

☑ 面料体现出男装的制作工艺

☑ 紧身或半紧身廓型

☑ 女性化、飘逸的垂褶、抽褶和褶裥

☑ 哑光或闪光面料

　　1. 不对称的露肩礼服将视线吸引至肩部。紧身造型，前片设计有切口。**2.** 深V领无袖外套式围裙装搭配奶油色丝绸衬裙。**3.** 黑色条纹与裁片与花卉印花图案形成对比，如同窗棂与室外的花园。纵向的裁片使身形更加修长，塑造出直筒形的外观。**4.** 20世纪50年代风格的紧身大摆束腰连衣裙。大圆领体现出简洁的裁剪风格。**5.** 解构式的细节设计，裸露的缝口、毛边及损坏的侧拉链，为这件连衣裙带来了现代感，并对正装的定义提出了质疑。**6.** 口袋、腰带和育克设计中采用了简洁的平行线条，强调出裙子的比例。对比色的面料塑造出T恤与围裙装的穿着效果。**7.** 围裹式不对称礼服裙左侧底边较长。倾斜的领口与下摆平行。**8.** 一字领连衣裙设计有紧身上衣与圆形裙摆。金属质感的梭织面料低调而有光泽。

217

　　几何印花与激光裁剪图案塑造出三维立体的面料效果，极具现代感的造型和简洁的线条与面料图案之间取得平衡。曲线形的裙摆、纯色的肩部、腰部设计使整体造型更加柔和。

　　极具光泽的丝缎面料制成的高腰线连衣裙，搭配皮草围领。柔软而饱满的裙摆垂至膝盖，裙摆在胸部以下打褶，紧身上衣为收省设计。长袖上部为合体设计，肘部以下为饱满的打褶钟形袖造型，收紧的袖口。

　　宽松的直筒连衣裙，条状色块塑造出不对称的中式造型。简洁的圆形领口以及落肩式的和服袖强调出几何图形感。腰部的彩色裁片强调了腰身。

1.纵向条纹与横向细腰带之间取得了平衡，底边的侧开衩使整体线条更柔软。2.保守的及膝连衣裙搭配及肘袖与背心。长手套与靴子的设计使皮肤不外露。服装的色彩则充满活力。3.中长连衣裙搭配轻薄的雪纺袖与前育克。肩部与侧向裁片为纯色，前片渐变的条纹与裙摆条纹混合在一起。4.六角形的造型以抽纱刺绣的方式拼合在一起，形成袖子、领口和底边。里层为相同图案的印花衬裙。5.绣花装饰的超短连衣裙设计有端庄的领口。黑色的袖口与半截式的的腰带塑造出正式的美感。6.插肩袖连衣裙设计有黑色衬里与轻薄的外层罩衫，以堆立领作为装饰，将视线吸引至前中裁片与宽腰带。7.简洁的廓型具有现代感，隐形纽扣固定门襟与横向半截式腰带、纵向线条形成对比。8.这件连衣裙在保守的小圆领与腰部圆形剪裁的装饰性短裙之间取得了平衡。

注意体型的场合

特殊场合穿用的紧身礼服是以当今经典礼服为基础，采用立体裁剪而非平面裁剪的方法，以获得合身的着装效果。

20世纪20年代，自由流畅的服装设计方法与这一时期注重结构线条的款式造型相背离，其中，以佛坦尼（Fortuny）的丝质褶皱特尔斐筒形礼服与玛德琳·薇欧奈的斜裁修身礼服最具代表性。30年代，好莱坞成为这一造型主要的灵感来源，斜裁连衣裙被设计成线条优美的修身廓型。面料通过斜裁的方式含蓄而巧妙地衬托出纤瘦的身形，在行走时更加摇曳生姿。以格蕾丝夫人设计的礼服裙为首创，其创新的接缝及褶皱工艺塑造出修身的垂褶。而在50年代，格蕾丝夫人将其挚爱的古典造型与当时流行的硬挺而夸张的身形相结合，创作出一种全新的造型风格，这一风格以迪奥的"新风貌"最为人们熟知。同一时期，她设计的针织面料褶皱礼服裙以精湛的制作工艺将针织面料与紧身束衣缝制在一起。

经过数十年的演变，修身设计的礼服裙于20世纪70年代开始在舞会场合穿着。先锋派的美国设计师侯司顿（Halston）和杰弗里·比尼（Geoffrey Beene）以富于流动感的针织面料设计出无须扣合的新颖礼服裙。

这件连衣裙变化的条纹使得裁片的绑带效果更加突出。横向、纵向以及斜向接缝的综合运用塑造出修身的服装廓型。建筑风格的影响源于古希腊艺术。

这件丝绸针织连衣裙自然地贴合身体，勾勒出身体的轮廓。小圆领、方形肩线、紧身长袖以及曳地裙长塑造出曲线优美的筒形效果。打褶的肩部与松紧式的蓬腰设计最大限度地保证了细针面料流畅的垂褶。

典型特征
☑ 线条优美的修身廓型
☑ 创新的接缝与褶皱工艺
☑ 通常以内置的衬裙强调出身体的曲线

1.弹力针织面料底裙，横向的带状面料围绕身体，制作成斜肩带。左前侧为纵向的绳带效果。**2.**这件蝉翼纱连衣裙采用异色印花面料营造出修身的设计效果，勾勒出身形的轮廓。**3.**卢勒斯克连衣裙，高光泽感的面料强调出紧身的造型。省道由袖窿开至臀部，塑造出修身效果。**4.**金属质感的真丝素缎突显出身体的轮廓。收省及接缝设计最大程度地实现了紧身效果，胸围线以上折叠的横裥与卷袖相对应。**5.**提花垫纬凸纹线勾勒出身体的轮廓，塑造出精致的装饰效果。**6.**胸部以上的曲线形育克接缝平缓而流畅。蛇皮铝箔效果的拼接裁片具有视觉上的修身效果。**7.**犹如犰狳般的层叠感与裁片设计有着雕塑般的设计效果。修饰身形的定向接缝及皮肤色调显示出20世纪50年代风格的影响。**8.**胸部以上及腹部的挖剪效果强调出鸡心形的上衣造型，带来抹胸般的设计效果。

茶会裙

尽管起源于英国，茶会裙已逐渐成为穿用于慈善晚会、婚礼及其他特殊场合的常用礼服。茶会裙最初只是作为非正式着装在家庭娱乐时穿着，随着时间的推移，逐渐演变为更加正式的服装款式。

进入20世纪之后，正式的茶会裙款式不再搭配紧身胸衣穿着，从而更加舒适且富于个性，成为较休闲的一类女装造型。茶会裙的设计灵感来源于东方的亚洲服饰，主要汲取了和服与中国风格中的设计元素，其主要的设计特征为柔和而女性化的款式线条，半合体的上衣与展开的裙摆，强调腰线等。茶会裙出现于每一季的时尚潮流中，其永恒的优雅与复古格调焕发出持久的魅力。明亮的色彩与精致的印花用以烘托少女般的飘逸廓型。轻薄的面料可设计为舒适轻便的连衣裙，适用于不同场合。衣领可设计为U形领、V形领、彼得潘领和鸡心领等造型。除了长及小腿的经典造型之外，裙长可至膝盖或脚踝。

茶会裙可设计为无袖的晚装款式，尽管传统造型常设计有泡泡袖，当代的设计中通常采用短袖或七分袖。根据场合的需要，茶会裙可采用奢华的面料制成，搭配紧身胸衣、帽子和手套。

上衣至腰部合体，裙摆展开至膝盖以下，这件连衣裙为典型的20世纪50年代风格，且设计上有所创新。双层上衣的外层由袖窿延伸至腰带，与裙摆一起打褶，塑造出瀑布的效果，左侧下摆较短。

连衣裙前衣身系扣，端庄地下垂至膝盖。前片插肩袖剪裁的育克塑造出类似吊带领的造型。

领部和袖子还可以设计为：深V形领与蝙蝠袖造型的七分袖

典型特征
☑ 半紧身的上衣与展开的裙摆，强调腰线
☑ 轻薄的面料
☑ 经典剪裁，长及小腿
☑ 复古而优雅

1.这件华丽的丝绒低腰连衣裙设计有简洁的背心上衣、柔软的褶皱裙摆与同料的瀑布褶饰边。2.无袖插肩形袖窿形成吊带领的外观。领带造型的立领缝制于V形领口之上。3.20世纪30年代风格的鸡尾酒会礼服裙，透明的袖子和裙摆与腰部的腹带及深V形领口形成对比。4.紧身、优雅的小黑裙设计有鸡心形领口和装饰有同料玫瑰花装饰的宽肩带。5.紧身上衣与长至膝盖下的抽褶裙摆具有20世纪50年代的风格。异料的纯色领口、翻折式的袖口和腰带与繁复的印花图案之间取得了视觉上的平衡。6.简洁的衬裙式连衣裙，臀围线处设计有一组横向衣褶。蕾丝装饰了V形领口及肩带，显示出内衣的设计元素。7.20世纪60年代风格的银色修身连衣裙朝气蓬勃，搭配肩带与经典风格的玫瑰印花图案。8.A字形连衣裙腰部宽松并搭配同料腰带，与连身盖肩袖和较长的后衣片相呼应。

>花卉图案印花连衣裙，搭配异料的珠饰雪纺衬里。胸部的余量纳入领口，形成柔软的褶皱，与松紧腰部设计相呼应。裙摆的左侧略长，底边展开，最大程度地显示出斜裁面料制成的垂褶。

漂亮的花卉印花低腰连衣裙，手帕式的裙摆搭配黑网纱衬裙。裙摆的大型玫瑰印花与上衣新艺术风格的印花相融合。装饰有金属花扣的褶裥点缀了腰部。银色的花瓣妆点领口，覆盖于肩部一侧。

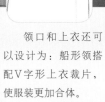

　　醒目的渐变条纹令茶会裙具有现代感。条纹的设计强调了服装的造型，纵向条纹紧身上衣掩盖了胸腰差。裙摆的条纹则与其圆形剪裁相适应，腰部抽细褶。醒目的腰带与相似条纹的围巾使造型更加完整。

　　经典的无袖直筒连衣裙造型搭配风格怪诞的大型珠宝印花。珠绣装饰了部分印花，塑造出胸针效果，为设计增添趣味感。

　　领口和上衣还可以设计为：船形领搭配V字形上衣裁片，使服装更加合体。

　　数码印花紧身大摆连衣裙，对称的裁片设计为抽象印花图案增添庄重感。V形带装饰的领口与衣片造型相呼应，保证了设计的连贯性。展开的下摆前短后长，其飘逸感与印花面料的风格相匹配。

优雅的紧身大摆连衣裙，繁复的绗缝图案布满裙身。蝉翼纱衬裙略长于袖口和底边，塑造出透明的饰边效果。

华丽的无袖及踝连衣裙，下摆装饰流苏。衣身面料由臀部至大腿抽须，使流苏与服装融为一体。

一字领A形超短连衣裙，同料的蝴蝶结腰带点缀腰线。贝壳粉色塑造出年轻活力的外观。

1　　　　2　　　　3　　　　4

5　　　　6　　　　7　　　　8

　　1.U形领斜裁修身连衣裙，双层打褶短袖，裙摆展开。胸部余量与裙摆的喇叭造型已融入斜向结构线中。**2.**紧身大摆连衣裙设计有深开的方形领口。斜裁的裙摆，重叠的前片向上收起。**3.**V领无袖连衣裙，上身为斜裁。**4.**这件简洁的细筒形连衣裙遮掩了身体的轮廓，搭配俏皮的不对称流苏，塑造出肌理趣味和动感。**5.**宽松的上衣设计有柔软的褶皱领口，搭配多层短泡泡袖。臀围线处的分层褶皱为圆形剪裁，缝制于裙摆上。**6.**长及小腿的深V领蕾丝连衣裙具有通透效果，搭配纯黑色细肩带衬裙。**7.**柔软的一字领印花连衣裙，垂褶的设计强调了面料的精致柔软。**8.**旗袍风格紧身连衣裙。端庄的立领、延长的肩线与紧身造型利于展现醒目的印花图案。

>漂亮的茶会连衣裙，层叠而柔软的乔其纱在腰带处抽褶，前身裙摆开口，露出异色衬裙。肩部与透视裁片相连接，塑造出无肩带效果。

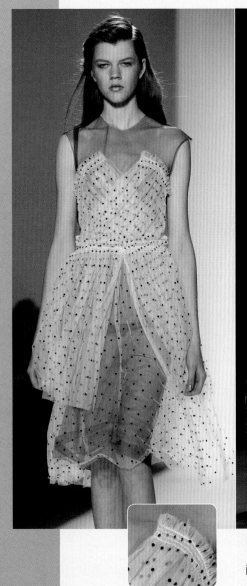

漂亮的复古印花连衣裙，搭配彼得潘领与抽褶长袖。宽腰带置于胸围线以下，胸部抽褶。裙子的衣领、袖子、腰带与底边采用了较小的印花图案。裙摆至膝盖以上，整体造型甜美俏皮，是典型的茶会裙款式。

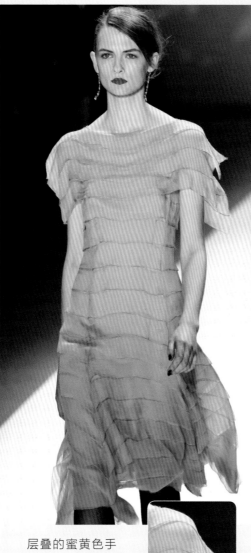

短插肩袖连衣裙具有波西米亚式的美感。设计的重点在于对裙摆印花的运用，其色彩的比例和图案的位置定义了这件连衣裙的风格，与飘逸的造型互为补充。起皱的面料质感使以上设计元素更加突出。

层叠的蜜黄色手帕式连衣裙带有20世纪20年代风格特征。领口方形裁片垂至袖窿以下，塑造出盖肩袖造型。

七分袖超短雪纺连衣裙，深V形领口，同料门襟开至饱满的圆形裙摆。门襟、腰缝和袖口用嵌入的素色滚边装饰，强调出设计细节。

1.船形领无袖连衣裙，层叠的下摆褶皱宽度各异。腰带修饰腰身。2.色彩渐变的乔其纱，层叠的褶皱赋予其柔美的希腊式垂褶效果。3.多层效果的连衣裙，色彩各异的面料为裙子增添了层次感。下摆正面裁剪成弧形，背面延长，强调出面料的悬垂感。4.露肩连衣裙搭配细肩带。紧身上衣设计有一字形领口，领口线条延伸至上臂，构成时尚而精致的袖子。5.宽腰带是这件连衣裙的设计重点，将设计有蝙蝠袖和深V形领口的上衣与抽褶短裙分隔开。6.V形领连衣裙，延伸的肩线形成了盖肩袖的效果。领口与前身设计有异色贴花，雪纺质地的褶皱裙摆柔软而精致。7.这件连衣裙的造型、面料与廓型显示出源自历史与文化元素的影响。深V形领口正中的三角形插片装饰有精致的蕾丝花边。8.U形领口无袖连衣裙设计有紧身上衣和双层面料的圆形裙摆。

端庄的圆形领口无袖上衣与不对称的折纸风格裙摆取得了视觉上的平衡感。纯色面料、简洁的上衣和廓型衬托出复杂的裙摆造型。

斜裁设计的围裹式连衣裙具有20世纪20年代的设计风格。高光泽感的面料强调出流畅的衣褶，手帕形的底边设计增添了裙子的动感。哑光色调的领口及裙摆饰边修饰了整体造型。

高腰抽褶娃娃裙设计有前围兜式的育克。白底黑色的蕾丝印花体现出民族风格的影响。前围兜裁片则设计有黑底白花的镶边图案，以黑白相间的荷叶边抽褶作装饰。黑色褶边衬裙强调了黑白对比的设计主题。腰带的设计修饰了整体造型。

衬裙

特殊场合穿用的衬裙式可以说是太阳裙衬裙款式的奢华版，通常以蕾丝、丝绸、雪纺等半透明面料制作而成，并采用高光泽或低光感处理的面料。这一服装造型的整体风格较为轻盈合体，以内衣、衬裙和睡裙等款式作为灵感来源，从而对面料、廓型、细节与版型进行选择。衬裙式连衣裙作为晚礼服和红毯礼服十分理想。

由玛德琳·薇欧奈在20至30年代首先创造出的斜裁手法，是衬裙式连衣裙的设计特征，可使面料包裹身体，柔软地垂至底边，突显出人体的线条和美感。细节设计秉持精致的特点，如细肩带或丝质肩带、用盘扣固定的锁眼开口、细褶、细腻的褶边、蕾丝插片、缎带饰边、刺绣等。连衣裙的裙长有多种选择，可以设计为家居服式的短款造型，也可以设计为及地或有拖尾的款式。领口敞开，露出胸部和背部，以荷叶边和蕾丝饰边装饰手臂和肩部。衬裙式连衣裙可依据历史因素的影响设计为两种截然不同的外观，一种是以褶边与荷叶边装饰的19世纪风格连衣裙，另一种为更加优雅而性感的20世纪30年代风格紧身连衣裙。

这件娃娃裙风格的连衣裙设计有印花雪纺面料制成的层叠短裙，裙摆为圆形剪裁，腰缝处抽褶塑造出饱满的荷叶边效果。精致的肩带和领口线装饰有褶边，另有一条褶边由双臂滑落。

垂褶领蕾丝上衣与透明的手帕式裙摆及不对称底边形成对比。裙摆具有芭蕾舞裙的设计风格，为衬裙式连衣裙带来别样的美感。

典型特征
☑ 奢华的半透明面料
☑ 灵感来自于内衣和睡衣
☑ 轻盈、合体、精致而女性化
☑ 敞开的领口，裸露的手臂和肩部

　　1. 蕾丝裁片覆于裸色衬裙之上，具有通透感。衣身的V形裁片和泡泡袖装饰有多层蕾丝饰边。**2.** 曳地衬裙式连衣裙，桃粉色斜裁丝绸面料塑造出裸色调的美感。**3.** 材质各异的多层面料塑造出变化的色调。外层的欧根纱在胸围线以上塑造出大U形领口，露出

内穿的胸衣。**4.** 透明欧根纱制成的分片式连衣裙，裙摆展开。蓝色衬裙保证了裙子的端庄感，腹部显露。柠檬色胸衣造型的氨纶上衣使服装在整体色调上取得视觉上的平衡。**5.** 同料饰带贴缝于雪纺连衣裙的躯干部分，塑造出斜向交叉的设计效果。**6.** 横向蕾

丝织带环绕身体并遮盖右肩，塑造出若隐若现的视觉效果。**7.** 这件及踝雪纺连衣裙为斜裁设计，深V形领口与衣身结构线相呼应。蝴蝶袖造型与展开的底边相互映衬。**8.** 斜裁雪纺连衣裙设计有开至腰部的领口线，领口系带塑造出上衣的抽褶效果。

>轻薄而简洁的白色斜裁衬裙式连衣裙。柔软的修身造型青春朝气，细肩带无须搭配内衣。

具有透明感的细肩带及踝连衣裙，裙身装饰紫藤花卉刺绣图案，强调出精致而女性化的设计效果。

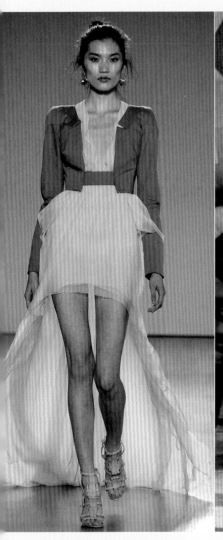

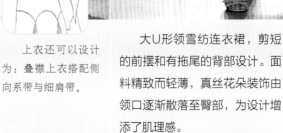

　　轻盈的多层雪纺连衣裙设计有精致的折边领口，搭配硬挺的异料短外套。外套有力的肩部线条与腰带设计与雪纺面料轻盈的材质形成对比。裙摆前身剪短，长拖尾强调了面料的飘逸与量感。

　　简洁的圆筒式背心造型，立体花朵装饰的透明育克增添了设计趣味性。扇贝形低腰线与育克及手帕式裙摆造型相呼应。

上衣还可以设计为：叠襟上衣搭配侧向系带与细肩带。

　　大U形领雪纺连衣裙，剪短的前摆和有拖尾的背部设计。面料精致而轻薄，真丝花朵装饰由领口逐渐散落至臀部，为设计增添了肌理感。

鸡尾酒会/舞会礼服裙

灰色几何图形连衣裙，硬挺的方形结构是其裁剪特征，从方形围兜式领口线到裁去的袖窿以及腰缝处嵌入的矩形裁片都有所体现。前开衩直身裙长至脚踝，带来建筑式的造型美感。

无袖吊带领衬裙式连衣裙。低腰紧身上衣大量使用了亮片装饰。分片式的裙摆由臀部展开至膝盖。白色网纱衬裙为裙摆增添了量感，突显了整体造型。

鸡尾酒会或舞会礼服通常由轻盈的薄纱或欧根纱制作而成，设计有抹胸式紧身上衣和闪亮的装饰，是女性衣橱中不可或缺的服装款式。这种礼服穿用于鸡尾酒派对或年轻女性的高中毕业舞会，因此远不及晚会礼服正式。鸡尾酒会礼服裙比晚宴礼服短，裙长至膝盖以上或盖住膝盖，也可至小腿，此类礼服裙可使穿着者在展示魅力的同时也能保持轻松与随意。

由可可·香奈儿在20世纪20年代创作的小黑裙设计有下落式腰线和及膝的荷叶边裙摆，是鸡尾酒会场合的必备单品。男孩式的直筒廓型为装饰及饰边提供了理想的展示空间，而黑色亦是正式与半正式场合的首选色彩。50年代，鸡尾酒派对风靡一时，设计师克里斯汀·迪奥以其"新风貌"系列探索了气泡形轮廓的设计方法，这一造型在1987年克里斯汀·拉克鲁瓦（Christian Lacroix）的代表作"蓬松"廓型系列中被重新演绎，再次验证了鸡尾酒会礼服裙永恒的时尚魅力。如今的鸡尾酒会礼服和晚会礼服有着多样的设计风格，从硬挺的梭织面料折纸风格连衣裙到紧身的丝质针织面料亮片连衣裙皆可选择。

典型特征

☑ 紧身上衣、饱满的褶皱裙摆，常搭配衬裙

☑ 短款、长及膝盖以上或盖住膝盖

☑ 紧身、性感、奢华的面料，如薄纱或欧根纱

1.黑白层叠效果连衣裙装饰有蕾丝插片，蕾丝饰带缝入低腰线，底边打褶。2.上衣腰带处具有蓬腰衫效果，裙摆在腰带处抽褶。3.典型的小黑裙。肩部的小立领突显出鸡心形领口线。4.运动装设计中采用的防刮尼龙面料为这件抽褶连衣裙带来

了量感。面料的光泽强调了衣褶的造型感。5.柔软的衬裙造型直筒裙长及膝盖，采用了烫金印花面料。肩带撑托起简洁的布袋造型。6.简洁的造型利于展现这件超短连衣裙繁复的流苏装饰。高腰腰带置于胸围线下方，塑造了衣身的造型感。7.透

视的紧身上衣，内衬的胸衣造型上衣修饰了胸部造型。裙子的腰围较底边略宽，运用褶皱塑造出郁金香形的裙摆。8.紧身上衣，长及小腿的饱满裙摆。上衣中心的装饰结系于胸部下方。

>这件连衣裙由分开裁剪的上衣与细筒形连衣裙构成，裙子的裁片通过折叠的手法塑造出合体的造型，在腰带接缝处固定。上衣在胸围处略微向身体外侧延伸。异料无袖圆领内衬上衣也在腰带接缝处固定。

上身细节处理还可以设计为：同料的硬挺蝴蝶结突显腰部。

异色面料色块勾勒出衣身裁片。V领无袖上衣汲取了内衣设计元素，硬挺的黑色裁片模仿出胸衣造型。紧身上衣延伸至V字形低腰线。金属质感的银色风琴褶与金色和肤色褶裥裁片拼合，塑造出具有延伸感的着装效果。

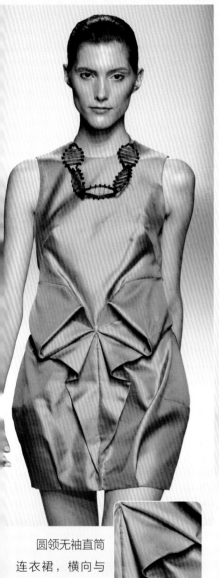

　　圆领无袖直筒连衣裙，横向与斜向接缝相互配合，将多余的面料收入裙摆正中和侧缝，经过折叠和打褶形成了三维立体的服装造型。

　　醒目的几何印花曳地雪纺连衣裙设计有宽松的叠襟上衣和低腰线，造型轻松随意。上衣于腰带处略蓬松，褶皱裙摆造型饱满，使其几何印花显得更加柔和。

　　简洁的针织背心式连衣裙利于展现衣身的刺绣与亮片装饰。低腰线与钉珠流苏装饰的底边灵感来源于查尔斯顿时代。不对称的腰带与装饰设计相搭配，同时营造出随意的美感。

1.轻薄的绣花连衣裙，吊带领口与环绕颈部的窄立领相连。紧身胸衣造型的抹胸式内衬上衣塑造出服装的结构与端庄。2.多层的薄纱连衣裙，上衣前中的抽褶构成了倒V字形腰线，与饱满的裙摆相映衬。3.金属质感的紧身大摆连衣裙搭配哑光的异料抽褶底边。异料的领衬与侧向裁片塑造了领口与衣身的造型，与高光泽感的主体面料之间取得了视觉上的平衡。4.上衣采用宽条纹装饰，与纯色高腰线相呼应。裙摆与收紧的底边塑造出蓬松的设计效果。5.深V形领口线门襟有装饰贴边。宽腰带强调了腰部线条。长袖与腰褶罩裙使整体造型更加完整。6.经典的20世纪50年代风格鸡尾酒会连衣裙设计有敞开的领口、连身盖肩袖、宽腰带和饱满的裙摆。7.深V形领口将视线吸引至展开的圆形剪裁腰褶与直身及膝裙上。8.典型的抹胸式鸡尾酒会连衣裙，上衣设计有蝴蝶结装饰。

漂亮的层叠直筒造型超短连衣裙，带有20世纪70年代的复古格调与嬉皮元素。棉线钩织的蕾丝衬裙设计有扇形底边，与透视感的外层服装类似。雪纺连衣裙设计有珠绣图案与镶边。珠绣饰边制作成低腰线。吊带领在颈部系紧后垂至底边，装饰有羽毛和珠子，强调了服装的嬉皮风格。

衬裙式晚装连衣裙设计有紧身蕾丝上衣、肩带与内置胸衣。双层面料由纯白色的衬里和蕾丝花卉装饰的网纱组成，及膝的裙摆设计有扇形底边。与裙摆相比，上衣大量采用了蕾丝与珠绣装饰。

具有透视感的欧根纱直筒连衣裙，腰部以同料系带塑造出抽褶效果。长袖在宽袖口处略微抽褶。漏斗领遮盖颈部。设计中采用法式缝，背部开口以包扣固定，延续了遮盖式的外观。烫银印花装饰了衣领、育克和袖子。内层衬裙设计显示出端庄感。

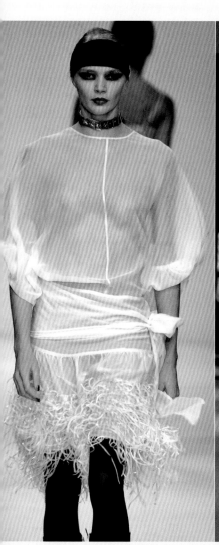

无侧缝或肩缝设计，一体式的蝙蝠袖在肘部抽褶，颠覆了传统的裁剪方式。透明面料的接缝将上衣沿前中与后中线一分为二。上衣与低腰设计的宽腰带相连，塑造出蓬腰效果。裙摆与腰带相连并由臀部开始打褶，底边装饰有流苏。同料的宽腰带在左侧系紧。

褶裥和抽褶塑造出上衣的造型，胸围线处的系结营造了曲线形的轮廓。量感丰富的外层裙摆缝制于同料紧身裙之上，圆形剪裁塑造出蓬松的球状效果。

领部还可以设计为：打褶的单肩带。

印花雪纺连衣裙设计有深V形领口，纯色镶边和低腰带。质地上乘的雪纺裙摆在腰缝处打褶，形成饱满的及踝长裙，利于展现印花图案。

1.肌理效果的超短连衣裙，紧身造型搭配短袖。2.露肩礼服裙，紧身上衣设计有V形剪口细节。多层薄纱裙摆体现了其传统的鸡尾酒会裙造型。3.船形领口无袖超短连衣裙，多层的流苏设计完全遮盖了其直筒裙廓型。4.夸张的深V形领口开至腰带，为这件强烈的几何廓型连衣裙带来性感意味。肩带的切口设计与造型方正的裙摆相呼应。5.长袖针织面料底裙，同色高光泽尼龙流苏可随身体摆动，带来俏皮感。6.圆领无袖连衣裙设计有半紧身上衣与饱满的抽褶超短裙。同料花瓣装饰营造出肌理感与立体效果。7.漂亮的贝壳粉色连衣裙上衣合体，腰部以下逐渐展开至膝盖，对比强烈的黑白刺绣、钉珠与流苏装饰其间。8.硬挺的塔夫绸不对称超短连衣裙设计有抹胸式底裙。双层面料制成的超大蝴蝶结增添了设计感。

243

1.V形领、盖肩袖半紧身连衣裙，细腻的同色褶边装饰衣身。2.紧身上衣、层叠的薄纱裙摆连衣裙，精致的哑光面料搭配亮片装饰的肩带。3.一字领长袖超短连衣裙。图案繁复的上衣与鸵鸟毛披肩样式的裙摆形成对比，营造出帝政式高腰线效果。4.折纸风格的对称褶裥和折叠效果为这件无袖超短连衣裙带来三维立体效果。5.金属质感的梭织面料带来高光泽感。肩部育克与喇叭袖营造出肩章效果，圆形领口为修长的廓型增添了威严感。6.抹胸太阳裙，紧身上衣搭配内置文胸。饱满的裙摆在高腰腰带处打褶。层叠的褶皱衬裙增添了裙摆的量感。7.金色亮片缝制于黑色面料上，其奢华的质感突显出斜向且具有流动感的垂褶造型。8.弹力针织上衣突显出胸围线。装饰有金属配件的针织带点缀了前中、腰部和侧片。

9 10 11 12

13 14 15 16

9.金属质感面料制成的细肩带连衣裙，胸衣和腰部接缝显示出衬裙风格的影响。**10.**饱满的及膝裙摆，宽大的盖肩袖装饰有圆形剪裁的褶边。圆形领口设计有及腰的前中门襟，以一粒扣在领口固定。**11.**精致的珠片装饰蕾丝面料是这件连衣裙的设计中心，搭配简洁的一字领、及肘袖与饱满的裙摆。**12.**丝绒连衣裙，圆筒形的上衣搭配∨字形低腰线和圆形剪裁的裙摆。**13.**层叠的鸵鸟毛覆盖着硬挺的抹胸式衬裙。精致而透明的颈部育克和袖子装饰有刺绣花卉图案。**14.**日光褶金属光泽的超短连衣裙，设计有交叉形胸衣罩杯和吊带领肩带。**15.**繁复的激光裁剪图案缝制于蝉翼纱底裙上，塑造出硬挺的前片造型。蝉翼纱裙摆在腰部设计有褶裥，于裙摆两侧营造出丰盈效果。**16.**单肩袖不对称连衣裙，右侧缝处大量折叠塑造出斜向的垂褶。

晚礼服

高级定制与量体裁衣的制作工艺在晚礼服设计领域得以传承，现代的晚礼服汲取了诸如立体裁剪、试衣、印花对位等传统工艺，创作出许多优秀的设计作品。

晚礼服在出席红毯活动和慈善晚宴时穿着，夸张的服装廓型与精湛的制作工艺体现出服用场合的盛大与隆重。晚礼服通常以复杂的底层服装为支撑，包括胸垫、罗缎腰封与薄纱衬裙等，整体造型利于展现面料与装饰的繁复奢华。

20世纪50年代末至60年代初期，晚礼服摒弃了传统礼服设计中采用的复杂接缝与外露的结构特征，设计师于贝尔·德·纪梵希在其良师益友克里斯托瓦尔·巴黎世家帮助下，在注重服装合体性的同时简化使用接缝，从而重新定义了女装裁剪的惯用方法。这一极简主义的尝试看似平凡，在服装结构与裁剪方法上皆有其独到之处，通过装饰与修饰手法为服装增添女性气质，创造出不可思议的平衡之美。

随着慈善晚会的出现以及名人效应的兴起，传统的晚礼服开始逐渐反映出社会的变化，尽管如此，晚礼服设计仍旧体现出设计师本人独特的视角以及时装系列所传达出的美学特质。如今，红毯礼服成为展示设计师作品最重要的平台，拥有时尚且声名显赫的忠实客户为设计师赢得了美誉。

这件曳地晚礼服为不对称设计，右侧单肩上衣与左侧斜向饰带之间取得视觉上的平衡。正面裙摆用及膝短裁片围裹，形成开衩式的下摆。背面为鱼尾裙造型。

简洁的抹胸筒形连衣裙，裙摆略为鱼尾造型。建筑感的直筒造型被刺绣绳结打破，绳结装饰由上衣延伸至小腿，如同系于鹅卵石贴花图案上。

典型特征
☑ 曳地
☑ 隆重的场合特征
☑ 繁复的装饰与华丽的面料

1.雪纺曳地连衣裙设计有宽大领口和紧身上衣。紧身大摆式的裙摆与素色三角形裁片相拼合，增添了裙摆的量感。**2.**紧身抹胸上衣设计有巴洛克风格的刺绣，与层叠而繁复的下摆形成对比。**3.**修身廓型设计有曳地鱼尾裙摆，胸部点缀白色衣领造型细节。多层抽褶网纱为底边带来量感。**4.**具有弹力的修身衬底，庄重的高翻领和短袖与量感丰富的曳地三角形衣裙形成对比。**5.**曳地碎花连衣裙，弹力腰身设计。**6.**色彩渐变的褶皱雪纺在右肩固定，而后自然下垂覆盖于抹胸裙衬底之上。**7.**紧身抹胸连衣裙，裙摆在膝盖以下展开。前片在腰部接缝下少量打褶，修饰腹部与臀部线条。围裹裁片绕过右肩后下垂，与长拖尾相连。**8.**肩部方形造型，金属感皮革上衣，与轻薄的雪纺裙摆形成对比。

>造型优雅的现代感晚礼服体现出运动美学的特征，设计有一字形领口和摔跤服造型的袖窿。袖窿的形状与腰部的修身造型相呼应，衣身至裙摆逐渐展开并设计有高开衩和拖尾。

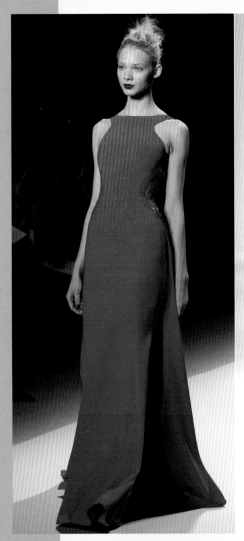

大胆的抽象印花设计对服装造型进行了补充。色彩渐变的上衣与底边丰富的色彩形成对比，强调出裙摆丰盈的剪裁和动感。

紧身束衣式的抹胸上衣为这件及踝连衣裙塑造了底部衬裙，外层分片式的裙摆呈喇叭形展开。裙摆的外层在正面显露出金色亮片的装饰图案。

上衣细节还可以设计为：翻折式的领口设计。

现代风格的晚礼服，对渐变色彩的巧妙运用带来年轻而富有活力的外观。小圆领和裁去的袖窿具有运动感，与褶皱密集的曳地裙摆形成对比。

希腊风格的单肩雪纺连衣裙，上衣设计有交叉式垂褶。圆形剪裁的双层裙摆塑造出宽大的下摆。

1.圆形剪裁的曳地裙摆和不对称荷叶边领口。上衣在领口边缘抽褶。2.抹胸礼服运用异色的插片和折叠手法，塑造出不对称的"放射"效果，与上衣和裙摆的造型相呼应。3.民族风格的蕾丝上衣设计有圆齿形蕾丝肩带和量感丰富的塔夫绸裙摆。4.大理石效果的印花体现出雪纺裙摆的飘逸感。深V形领口、下落的肩线和深开的袖窿带有希腊式长袍的造型特征。5.真丝电力纺面料围绕于硬挺的抹胸衬裙之上，塑造出不对称的垂褶领口以及层叠缠绕的曳地裙摆。6.低V形领无袖连衣裙设计有夸张的低腰线和层叠的裙摆，让人联想起传统的弗拉明戈舞裙。7.大V形领连衣裙，丰盈的圆形剪裁裙摆在腰带处抽褶，最大程度地体现了面料的垂褶和飘逸感。8.量感丰富而轻薄的丝绸连衣裙。上衣为宽松裁剪，在腰带以上塑造出柔软而丰满的造型。

这件单肩礼服运用对比比例塑造出有力的廓型。斜向褶皱与胸部和腰部余量一起强调了不对称的上衣造型。斜向的腰部接缝与肩部设计相对应，并与层叠的抽褶曳地裙摆之间取得了平衡。

极致的鱼尾廓型礼服设计有流线形紧身上衣与塑型罩杯。鱼尾裙摆由多层三角布拼接而成，与紧身上衣形成鲜明对比。轻薄的外层面料自肩部垂下，使整体造型更加柔和。

这件经典的晚礼服由紧身束衣式的抹胸上衣与丰盈的拼接式曳地裙摆组成。鸡心形领口线与腰部造型相呼应，同料的褶边点缀令开口。量感丰富的裙摆展现出繁复的印花，为服装增添了现代感。

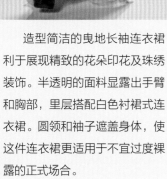

　　造型简洁的曳地长袖连衣裙利于展现精致的花朵印花及珠绣装饰。半透明的面料显露出手臂和胸部，里层搭配白色衬裙式连衣裙。圆领和袖子遮盖身体，使这件连衣裙更适用于不宜过度裸露的正式场合。

　　这件连衣裙具有红毯礼服的魅力，设计有近乎裸露的紧身上衣，长袖遮盖肩部和手臂，胸部若隐若现。服装的衬裙塑造了服装的结构，裙摆正面的垂褶覆于衬裙之上。

　　细剑形褶裥连衣裙丰盈的裙摆与简洁而端庄的高领无袖上衣形成对比。高腰线以圆齿形的刺绣装饰点缀，褶皱上衣遮掩了身体的轮廓。

1.曳地蕾丝裙摆正面较短，露出小腿。小圆领无袖上衣至腰部合体。2.垂褶上衣与裙摆的箱形褶裥形成对比。织锦面料同时塑造出柔软的垂褶和轮廓分明的褶裥。3.简洁的盖肩袖设计、圆领曳地修身廓型将金属亮片面料展现得淋漓尽致。4.大U形领长袖斜裁连衣裙将视线吸引至胸部。光束造型的透明裁片强调了衣身。5.加长的抹胸上衣，金属蕾丝表层与多层褶皱薄纱裙摆形成对比。横条纹蝉翼纱裙摆修饰了服装廓型。6.金属亮片短连衣裙，臀部至底边装饰有流苏，露出大腿。7.男式礼服造型搭配柔软的蕾丝褶皱，将男性与女性气质相融合。8.修身造型礼服，将金属质感的细水晶褶面料制作成吊带领与长拖尾。

1

2

3

4

5

6

7

8

1.设计有繁复褶皱的礼服，抹胸上衣为其衬底。对称的垂褶造型与色彩布局为整体设计带来正式感。**2.**扩大的A字形裙摆利于展现表面装饰的立体玫瑰花。**3.**日光褶曳地雪纺连衣裙。吊带领系有同料长飘带，自然下垂至底边。**4.**蓬腰设计的宽松上衣，裙摆打褶。造型独特的裙摆正面剪短，突显出裙摆的量感。**5.**曳地紧身鱼尾晚礼服。不对称垂褶上衣与裙摆拖尾之间取得了视觉上的平衡。**6.**紧身直筒连衣裙，横向银色与白色条纹强调了服装造型。Y字形肩带打破了筒形上衣的拘束感。**7.**精致的刺绣贴花无袖连衣裙，搭配简洁的纯色衬里。圆齿形的边缘使领口及袖窿边缘变得模糊。**8.**透视感的无袖上衣设计有黑色贴花，搭配黑白羽毛装饰直身裙。

9.黑色透视感紧身雪纺上衣与圆形分片式剪裁的白色丝缎裙摆形成对比。10.条纹面料经过巧妙地打褶塑造出荷叶边裙摆，与简洁的抹胸上衣形成鲜明对比。11.紧身束衣式的抹胸上衣装饰有华丽的刺绣图案并将视线吸引至装饰繁复的裙摆，饰边为

裙摆增添了结构感，使其造型更加丰满。12.落肩紧身上衣延伸至上臂外侧，强调了夸张的A字形曳地裙摆。13.裙摆正面以圆形剪裁设计成瀑布褶，延伸至裙子右侧形成拖尾。上衣向上延伸。14.方形肩部紧身廓型，裙摆自臀部展开至底边，为具

有20世纪40年代风格的现代礼服裙。15.无袖薄纱曳地连衣裙，搭配裸色针织面料衬里。集中于左侧的装饰与右侧半截式腰带之间取得了视觉上的平衡。16.高立领、剪去的袖窿以及裹身上衣塑造出强烈而具有魅力的廓型。

婚礼裙

服装设计师以婚纱礼服为题材展现其设计才华并诠释当季设计作品的内涵。作为时装T台上的重要款式，婚礼服通常反映了当前的流行趋势，并演绎出造型多样的服装廓型、裙长与风格。

由于只能穿用一次，传统的白色礼服在18世纪晚期被确立为身份地位的象征。如今，白色礼服则象征着纯洁与童贞。浪漫和怀旧主题曾作为贯穿维多利亚时期至爱德华时期主要的设计灵感，这一影响一直延续至20世纪50年代，此时的婚礼服已逐渐与晚礼服一样，变得更加端庄和精致。在60年代早期，婚礼服的裁剪更加简洁，减少了褶边和接缝的使用。通常采用无缝式的腰线设计，直筒袖或钟形袖与裙身为一体式剪裁，如同阿拉伯长衫一般。简洁的婚礼服通常搭配精致的头饰。渐渐地，浪漫与怀旧的情调重新回归，蕾丝、贴花与刺绣装饰得以再次流行。这一浪漫主义风格一直延续至70年代，随后在80年代的复古潮流中得以蓬勃发展。

当代的婚礼服汲取了历史、文化与当代时装潮流的影响因素，是服装设计的熔炉。伴随着非正式婚礼庆典的流行，婚礼服也开始变得轻松随意。

爱德华时期与20世纪60年代风格的融合。端庄的彼得潘领、长泡泡袖、古董蕾丝抹胸上衣和超短裙之间取得巧妙的视觉上的平衡。相同的条纹雪纺面料制成的育克和袖子与繁复的蕾丝面料相平衡。

优雅的连衣裙，线条优美的上衣与飘逸而丰满裙摆相连。轻薄的雪纺面料覆盖抹胸上衣，落肩肩线塑造出优雅的廓型。

典型特征
☑ 白色为主
☑ 设计重点在于正面和背面的视觉效果
☑ 公主缎、薄纱、蕾丝与锦缎面料的运用

1.斜裁丝绒连衣裙。斜向的领口强调出不对称的造型，肩部精致的蝴蝶结点缀了单肩袖。**2.**真丝混纺曳地连衣裙包裹身体，塑造出直筒造型。**3.**20世纪50年代风格公主缎连衣裙。紧身上衣装饰有细腻的珠绣图案。腰部点缀同料缎带制成的蝴蝶结。**4.**曳地婚纱礼服灵感来源于娃娃式的内衣设计，设计有帝政式高腰线、紧身蕾丝上衣和肩带。**5.**丝与弹力纱混纺面料针织连衣裙。通过改变针织结构形成低腰造型。超大锁孔式领部细节与一字形肩线设计。**6.**细褶围兜式上衣设计，如同维多利亚时期的睡袍。短裙带来俏皮感。**7.**衬裙式连衣裙设计有抹胸式上衣、紧身短裙以及蕾丝表层。宽缎带蝴蝶结与花朵装饰点缀了低腰线。**8.**蕾丝吊带领外衣搭配抹胸式底衬与多层钟形裙。

>紧身抹胸礼服，内置紧身束衣塑造出服装结构并强调了收紧的腰部造型。侧缝前移，使整体廓型看上去更加修身。鱼尾裙裙摆层叠的褶边与紧身上衣形成对比。

爱德华时代风格的曳地婚纱设计有圆齿形蕾丝装饰的拖尾。三角布拼接的裙摆由臀部展开。圆齿形下摆与端庄的披风式衣领相呼应。

　　紧身婚纱优雅而精致。不对称的缎带、袖子上的包扣与扣襻为简洁的廓型增添了设计趣味。

　　传统风格礼服，采用了闪光与哑光色泽相对比的织锦面料。紧身上衣设计有低腰缝，缎带点缀了腰线。深V形领口露出里层纯色上衣。肩部线条向上延伸构成立领。网纱衬裙塑造出裙摆的量感。

　　帝政式连衣裙设计有宽腰带，打褶的上衣覆盖于抹胸衬底之上。腰褶设计与修长的鱼尾裙形成对比。裙撑效果的拖尾构成了有趣的背部造型。

以真丝素缎制成的家居风格婚纱礼服。胸部余量巧妙地收入肩部育克,并在胸前形成垂褶,还将视线吸引至华丽的带扣。曳地A字形长裙开衩至大腿,与V形领口相呼应。

衬衫式礼服裙具有20世纪50年代风格,同料的腰带和带扣设计是这一时期的普遍特征。同色蕾丝制成的短袖衬衫搭配抹胸衬底。领口、肩部和上臂被遮盖,呈现出端庄的外观造型。

抹胸婚纱设计有柔软而随意的垂褶上衣和裙摆。解构造型的裙摆呈现出休闲风格,具有希腊式长袍的围裹特征。层叠的不规则衬裙同样带有希腊风格的飘逸感。造型休闲的表层面料覆盖硬挺的衬底。

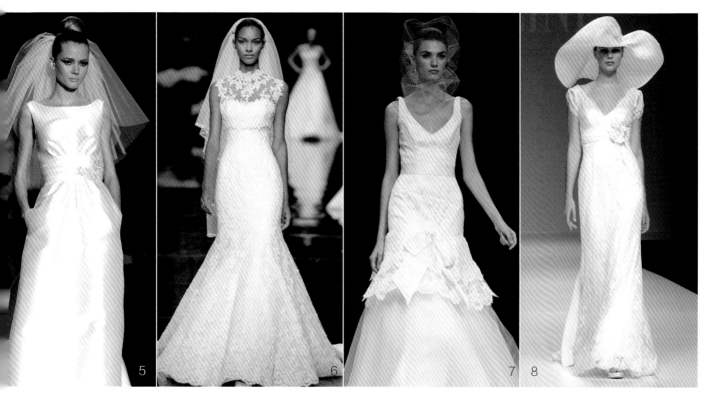

1.弗拉明戈风格的连衣裙设计有不对称的层叠鱼尾裙摆。同料饰带延伸至右肩,修饰了领口造型。**2.**公主缎连衣裙设计有船形领,V字形切口与腰带曲线相呼应。**3.**无袖紧身束衣式上衣搭配圆形剪裁的层叠放射褶裙摆。精致的腰褶饰边系带垂直地面。**4.**公主缎为长A字廓型增添了量感。斜向打褶裁片呈现出设计趣味。**5.**装饰性腰带是这件礼服的设计重点,胸部、腰部褶裥和口袋都指向衣身正中。**6.**鱼尾廓型与紧身束衣式造型突显出沙漏型身材。蕾丝贴花罩裙为设计重点,肩部造型如同育克。**7.**上衣开省至腰线,随后贴合臀部并展开至膝盖。层叠的网纱垂至地面。**8.**衬裙风格的连衣裙贴合身体。高腰线点缀腰带和花朵装饰。

>圆形领口外套式连衣裙带有正式感。弧形育克延伸至连身修，接缝由肩部缝合至袖口。暗扣门襟自领口延伸至底边，塑造出极简造型。臀部贴袋既具有装饰作用又兼具功能性。

现代感的婚纱，针织面料、袖窿和大漏斗领塑造运动格调。下摆的梭织镶边体现出休闲的运动衫造型。

一字领婚纱礼服，前中裁片和连身式盖肩袖设计限制了手臂的活动。V字形上衣线条延伸至腰线，多层褶裥裙摆向下展开。裙摆的侧缝线条与上衣线条相匹配，塑造出背部造型的量感。

轻薄的丝绸面料很好地体现出几何解构剪裁的信封式造型。上衣不对称的款式线与垂褶造型的裙摆相呼应，两侧的垂褶口袋设计避免了使用侧缝。

层叠的褶皱构成了不对称的裙摆，右侧向上呈弧线造型，左侧下垂。面料的毛边如同流苏点缀了上衣。

　　1.传统的晚礼服造型，横向的褶裥为宽大的裙摆增添了结构感。**2.**这件连衣裙围裹身体，塑造出信封式造型，极少使用接缝。层叠的薄纱衬裙由底边浮现。**3.**斜裁连衣裙，垂褶领装饰有珠绣流苏，塑造出手帕造型。整体搭配盖肩袖和银色珠绣背心。**4.**超短礼服裙设计有前中V形切口。半紧身上衣与蓬松的箱形褶裙子形成对比。**5.**公主缎紧身大摆连衣裙设计有彼得潘领、盖肩袖和芭蕾舞裙摆。装饰性的纵向褶裥是唯一的装饰元素。**6.**绉纱连衣裙设计有夸张的背部垂褶，塑造出露背效果。**7.**丝缎斜裁连衣裙设计有羊腿袖。胸下接缝为倒V字形，以珠绣装饰。**8.**低腰上衣胸部造型平直。吊带领肩带与袖子相连。衣身设计有纵向褶裥。

　　传统的舞会造型婚纱设计有鸡心形领口线和紧身束衣式的抹胸上衣。腰带装饰有蝴蝶结。长及小腿的A字形裙摆，外层薄纱裙装饰有大量的蕾丝、贴花和珠绣。

　　连衣裙分为两层。外层雪纺设计有衬衫领和开至胸部的系扣门襟，收腰后展开，正面为腰褶，背面垂地形成拖尾。紧身蕾丝衬裙设计有塑型罩杯，贴合身体，由膝盖展开至底边。

　　夸张的A字造型连衣裙。层叠的雪纺面料覆盖服装表面，与单层的领口育克形成对比。裙摆正面剪短，强调出背面的长拖尾。

创意设计（INNOVATIVE）

作为向传统服装设计提出挑战的一类设计作品，创意类服装面料、裁剪、造型和结构等方面不断探索。这些极具想象力的作品为未来的主流时尚开辟了道路。

黑色激光裁剪皮质贴花与蕾丝面料综合使用。柔和而女性化的珊瑚粉连衣裙笼罩在超现实主义的阴森氛围中。近乎裸露的内衬和鱼骨，使精致的黑色贴花如同纹身一般雕琢于身体表面。

设计背景

美国与前苏联的太空计划以及人们对于青年、性取向和性道德的重新认知影响了20世纪60年代的着装风格。库雷热（Courreges）以其简洁、现代的美学风格和出色的工艺被人们所熟知。这件连衣裙的创新之处在于其开创性的镂空图案以及对镂空进行的精确裁剪。

时装设计师运用先进的科学技术与工程手段塑造未来，走在了创新设计的最前沿。

纺织工业、科技与时尚之间的协同合作为开创性研究和突破性发展提供了可能。可穿戴技术将传感器、电路板、电源与纺织品或服装相结合，使服装与计算机应用技术产生联系。发光面料和机械装置改变了服装的形式，使其不再只是与穿着者有亲密接触的静态物体。

时装设计师的创新实验可以追溯到20世纪20年代，当时艾尔莎·夏帕瑞丽（Elsa Schiaparelli）与产业合作，使用创新面料，借鉴科学图像，在超现实主义风格影响下设计出了极具现代感的连衣裙。受到20世纪60年代太空旅行与科幻小说的影响，皮尔·卡丹尝试使用了真空成型的纺织品制模工艺，安德烈·库雷热探索了黏合纤维针织面料与合成纤维面料，而帕科·拉巴纳（Paco Rabanne）设计研发了金属锁子甲连衣裙。当代设计师如怀特·万·贝伦唐克（Walter van Beirendonck）、Comme des Garcons品牌的川久保玲、马丁·马吉拉以及候塞因·卡拉扬突破了人们对于身体造型的认知，塑造出不受时尚法则约束的服装造型。日本设计师山本耀司、渡边淳弥和三宅一生探索并剖析了传统民族工艺，推动了时装与纺织品设计的发展。

　　皮尔·卡丹在20世纪60年代使用了创新性的面料和服装款式，成为这一时代的领军人物。服装面料经过真空成型和模具制作，形成表面的肌理效果，并塑造出具有建筑感的简洁之美。这一革命性的设计创举使其成为创新设计的典范。

设计要点

艾里斯·范·荷本（Iris Van Herpen）对于服装材料和结构的痴迷使其作品以创新性和手工艺闻名。以建筑造型和自然生物为灵感来源，她与艺术家、建筑师和研究人员合作，制作出以铜、树脂、硅胶蕾丝花边、防紫外线聚合物、腈纶和皮革为原料的服装，并将这些材料与3D打印技术和手工艺相结合。

理解基本理念：创意类服装具有新颖的外观，设计师以此为基础表达其超越主流时尚的创新理念。对服装传统的理解和对工艺理念的掌握能够帮助设计师打破原有规则的限制，进而突破设计的边界。

行业合作：为了突破专业限制，在纺织品、科技、艺术、建筑、医学等领域的合作至关重要。

用户考虑：考虑用户需求以及对环境的关注可领先于时尚潮流，为用户提供更具信誉和持续性的产品。

面料：选择高科技面料可为服装增添附加值。例如，面料轻薄精致，兼具透气性、防水性和耐磨性，将功能性与美学相结合，而不仅仅只是跟随潮流的脚步。

侯赛因·卡拉扬以高度概念化和发人深省的设计作品被人们所熟知，其作品在具有视觉美感的同时运用了先进的技术手段。卡拉扬设计作品的核心主题是对于时空转换的认知。这件连衣裙通过控制一系列电池滑轮改变了廓型。无论技术如何先进完善，作品内在依然表现出过去理想风格的缩影。

纸样裁剪：探索纸样裁剪的新方法可以减少浪费，使精巧的设计构思得以实现。数码印花面料可与纸样造型相切合，减少款式线的使用，增添设计趣味。减少对于造型线、省道、缝份的使用，简化的纸样制作省略了不必要的细节，但仍保留了突出的廓型与良好的合体性。

复杂而先进的裁剪手法方可体现简约的美学特质。抽象的服装廓型可以通过由朱利安·罗伯茨（Julian Roberts）首创的减法纸样裁剪来实现。

商业终端：创意类服装并非为商业目的而设计，这些服装通常展现了纯粹的造型理念，设计师可以此为基础，将其重新演绎成为更具商业价值的服装产品。如果这些服装用于销售，将需要不同的营销手段。商品吊牌将需要添加更多关于面料成分和护理方法的信息。可能需要创造新的标志，用于描述新功能和废弃处理方法。传统的T台时装秀与季节性的营销手段也许不适合创意类服装。

纸样裁剪

创意纸样裁剪所塑造的颠覆性外观和造型可以重新定义服装和人体之间的关系以及人们对于美的期待。反时尚的观念、反潮流的时装以及现存的时尚体系使设计师的思维得以解放，从而挑战传统与惯例。

与传统的纸样裁剪相比，创意纸样裁剪借鉴了运动装的设计需求，能更好地适应身体的活动，增添了设计的功能性并提升了生活的品质。雕塑造型的设计和结构多数源自建筑和工程技术领域，更多体现在反传统的设计作品中。

20世纪80年代，日本时装设计为新的设计方法开辟了道路，如设计师川久保玲、三宅一生、山本耀司、渡边淳弥将科学和艺术与服装相结合，并运用了高科技面料与结构创新等设计手法。解构主义设计师如侯赛因·卡拉扬、马丁·马吉拉与安·迪穆拉米斯特都采用了独特的设计方法，以常见的服装造型为基础，将其设计为与传统裁剪形式相背离的样式，从而推动了纸样裁剪的发展。夸张的比例和造型使穿着者的性别变得模糊，且忽略了服装的功能性。这一新颖的设计方法需与全新的生产及营销模式相配合，并找到与消费者沟通的新方式，从而定位客户群体。创意裁剪设计作品商业化之后，可在减少夸张设计元素的同时仍保留其原创性。

这件连衣裙的裁剪造型如同腰部围裹着一件衣服。袖子系于前中，深开的侧袋隐藏于服装两侧。整体构成柔软而休闲的造型。

激光裁剪皮革面料塑造出裙摆的蕾丝效果。柔软的造型和透视感与领口和衣身雕塑般的棱角形成对比。宽肩线和腰褶既掩饰又突显出腰部线条，强调出沙漏造型。

典型特征
☑ 颠覆传统的纸样剪裁技术
☑ 夸张的比例
☑ 考虑客户需求

1.茧形轮廓，肩部曲线造型塑造出披风效果。2.混色羊毛面料，中规中矩的衣身上设计有折纸造型细节。袖子在腋下剪开，露出里层服装，方便关节活动。3.曲线形的侧向裁片，披肩袖采用对比色衬里加以强调。侧肩部裁剪为不对称造型的育克。4.受到现代艺术、雕塑与建筑的影响，抽象的服装造型展现出女性化的曲线。极简的用料和信封般的造型，灵感来自于巴黎世家与卡丹的设计。5.醒目的棉质连衣裙设计有折纸式样的褶皱，造型受到20世纪80年代风格的影响。收紧的腰部与前开衩突显出女性的曲线。6.抽象的设计展现出女性的曲线美。面料的褶皱增添了柔和感。7.休闲的不对称夸张廓型强调了肩部。抽象的轮廓利于展现衣身的色块。8.柔软的曲线构成了强烈的服装造型。加垫的缝线和弧形拉链具备功能性，并增添了设计的趣味感。

>人鱼造型的设计主题，烫银贝壳形褶皱装饰布满鱼尾形裙摆。金属色紧身上衣设计有吊带领。

反传统的造型向服装的功能性和可穿性提出挑战，这件概念性连衣裙探索了时装与艺术之间的关系。低腰褶皱裙摆呈现出多样性特征，相连的三件式连衣裙缝制于背部。

奢华的提花面料裁片呈现出折纸拼图般的效果。上衣、衣领与裙摆都成为复杂褶皱结构中一部分。

这件连衣裙由具有雕塑感的造型构成，混合使用了圆形、曲线、直线和斜线等造型。领口线远高于颈部，在肩部构成了平直的矩形轮廓，与窄边裙摆形成对比。

灵感来自于衬衫式样，夸张而具有颠覆性的设计塑造出独特的雕塑造型，挑战了时尚的固有模式。多层次的服装造型强调了衬衫的裁片和设计细节，整体呈现出强烈的视觉效果，启发人们对于设计概念的思考，并将整场秀推向高潮。

面料

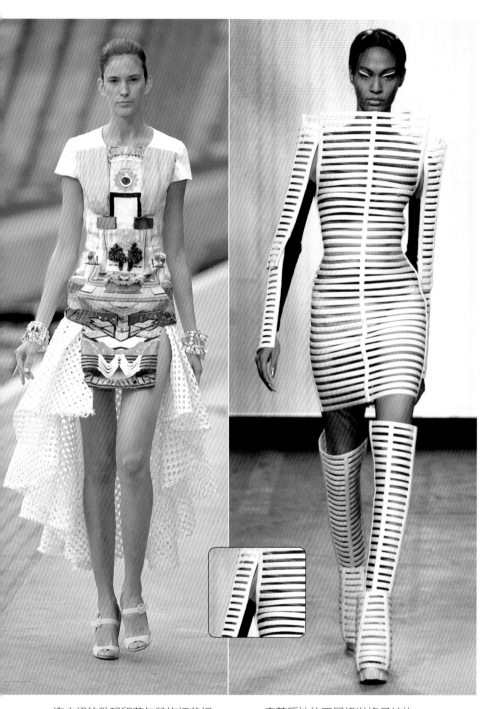

未来服装会像用喷雾罐在人体上喷绘一样简单吗？玛诺·托雷斯（Manel Torres）通过其科学研究或许可将以上设想变为现实。

纺织技术正在快速发展，创意设计作品和新的设想正走出实验室、走向T台。先进的纺织品往往成为传统服装发展的关键所在，采购创意面料更是具有挑战性的工作。

源自军事、航空航天和极限运动领域的高性能面料可以转化为具备可穿性的时装作品。先进的人工合成面料、混合纤维、独特的面料处理方法，为设计师提供了面料性能、工业和视觉美感方面的多种选择。面料的抗皱性、防水防尘及阻燃等性能特点为其增添了附加值。消费者的身心健康等因素同样被纳入考量范围，面料可具备抗菌性、透气性、反光效果以及物理防护等功能。热定型和成型面料可塑造出雕塑般的外轮廓，并可以展现人体的动态美。混合纤维与后处理方式、黏合与层叠手法塑造出新的混纺面料。数码印花技术、电脑刺绣、激光裁剪、多色印刷与热定型技术等，只是面料装饰与研发领域的冰山一角。

连衣裙的数码印花与装饰细节相结合，塑造出超现实的室内场景，由窗、灯罩、装饰窗帘、流苏和吊灯等元素组成。数码印刷使场景更加真实，结合三维的立体裁剪手法，塑造出视错效果。

皮革质地的双层裙以格子结构组成。漏斗形领口与紧身廓型设计，塑造出兼具艺术、时尚和建筑风格的概念性服装。这件服装利于展现身体曲线又具有保护功能，向可穿性这一概念提出质疑。

典型特征
☑ 高性能面料以及后处理方法
☑ 新的工艺与服装结构
☑ 考虑用户需求

1.围裙装连衣裙，热定型工艺模仿针织效果制成育克和下摆。刺绣和贴花为装饰手法，图案和纹理布满裙身。2.金属链流苏被嵌入接缝，垂坠于羊毛针织连衣裙之上，塑造出哥特式的外观。3.塑料材质经过压制塑型勾勒出胸部以及由马鬃装饰的臀部，让人联想起一匹得奖的赛马。4.氯丁橡胶处理的皮革面料压制成人字形，具有塑身效果。方向感的条纹使肩部造型更加柔和。5.数码印花的写实效果与纸样结构和造型相呼应。6.圆形激光裁剪的乳胶面料展现出里层服装。缝口经过了热密封处理。7.热定型塑造出的风琴褶与贝壳形曲线，使服装面料可以随着身体摆动。8.高光橡胶紧身背心搭配饱满的褶皱裙摆，以皮革胸衣和宽腰带装饰。

>镶满珠宝的蝴蝶仿生造型精致华丽。色彩斑斓的激光裁剪皮革造型以网纱为里衬，层叠排列塑造出复杂的三维立体效果。

柔软的面料经过巧妙的处理林纵横交错的网格，可穿用于对比色里之外，利于展示身体曲线。围巾折叠后在领口形成堆褶。

　　喷绘而成的无纺布连衣裙。交织的纤维构成速干的面料，使设计师可以制作出无接缝的新型服装。

　　这件连衣裙由珍珠和锁链组成，塑造出条纹般的装饰效果。在展现身体的同时也保护了穿着者。

　　白色的欧根纱衬底上缝制有层叠的纵向丝绸拼接条，经过磨边处理后构成颠覆性的细条纹图案效果，与夸张的衬衫造型在风格上保持一致。

词汇表

安哥拉兔毛（Angora）：以安哥拉长毛兔的绒毛纺成柔软的纱线，用于针织或编织。也可以用来形容安哥拉山羊毛（Angora goat），其绒毛用于制作马海毛。

阿兰岛针织图案（Aran）：源自于爱尔兰的阿兰岛，以天然纱线织成装饰性的绞花等针织图案。

菱形格子图案（Argyle pattern）：类似钻石形的图案，起源于苏格兰。采用两种或两种以上的颜色织成毛衫或套头衫。常用于高尔夫球员的袜子图案。

装饰艺术（Art Deco）：起源于20世纪20年代的巴黎，以流线形的造型和几何图案为其艺术特征，灵感来源于机械化的美感和放射状的图案。

阿斯特拉罕羊皮（Astrakhan）：来自于俄罗斯阿斯特拉罕地区的羔羊皮，也用来形容模仿羔羊皮效果的梭织面料。

娃娃装（Baby-doll）：非常短的迷你连衣裙，类似于年轻女孩的连衣裙，也用来形容轻薄的短款睡袍。

风箱式口袋（Bellow pocket）：贴袋，侧向展开，常用于"诺福克"短外套。

钟形袖（Bell sleeve）：袖子的造型紧贴袖窿至上臂，而后展开至手腕。

斜裁（Bias）：中心线与布料的经纱方向呈45°夹角的剪裁法。斜裁可以为服装增添延展性。

主教袖（Bishop sleeve）：以轻盈面料制成的袖子，肩部加宽，在手腕处打褶并收入袖口。

锁缝线迹（Blanket stitch）：装饰性的线迹，最初用于为毛毯锁边。

膨腰衫（Blouson）：宽松的短款男装外套，设计有打褶的袖子和袖口，也用来形容裙装中的褶皱效果，例如宽松的上衣在腰部打褶。

船形领（Boatneck）：弧线形领口设计，几乎延伸至两侧肩部。

波蕾若外套（Bolero）：灵感源自于传统的西班牙男装外套，设计为短款开襟外套，常与连衣裙搭配。

邦巴辛毛葛斜纹布（Bombazine）：染成黑丝的斜纹面料，以丝质经纱和毛绒纬纱织成。曾用于制作丧服。

鱼骨（Boning）：最初为鲸鱼骨，后采用钢条或塑料，缝入上衣或紧身束衣中，起到修身塑形的作用。

珠皮呢（Boucle）：毛圈或粗纺纱线通过针织或机织的方式制成的面料，有颗粒突出的肌理。

箱形褶（Box pleat）：通过两次折叠，使褶皱内外两侧相对排列，而后熨烫平整。

织带（Braid）：几股细绳编织在一起塑造出带状效果，用于装饰织物表面或作为镶边。

锦缎（Brocade）：奢华的梭织面料，常以丝质或金属纱线织成，加入的纬纱塑造出表面凸起的织物效果。

马德拉刺绣（Broderie anglaise）：白色刺绣塑造出装饰性的花卉图案，与缎面绣混合使用。

裙撑（Bustle）：加垫的造型，用于在裙子的侧面或背面塑造出量感并支撑外层裙摆。可以制作成金属框架或加垫的面料造型。

绞花编织（Cable Knit）：针织工艺，用来塑造纵向的编织效果。针织线迹越过相邻线圈，运用平针和反针上下交错织成绞花。

纱布（Cheesecloth）：薄而松散的梭织棉布，起源于印度，也称为平纹细布。

绳绒线（Chenille）：表面植绒的柔软线绳，以丝或合成纤维制成，用于制作柔软的针织或梭织绳绒织物。

旗袍（Cheongsam）：修身的中式女裙，设计有中式领和侧开衩，常以盘扣在颈部系紧。

雪纺（Chiffon）：轻薄精致的梭织面料，以加捻的丝或合成纱线织成，表面有纹路感。

轧光印花棉布（Chintz）：轧光的棉布，常印有亮丽的花朵印花，最初由印度出口。

灯芯绒（Corduroy）：棉质面料，表面柔软的凸起条纹平行排列，可以设计为不同的宽度。

紧身束衣（Corset）：内衣，鱼骨组成的上衣由胸部覆盖至臀部，以搭扣和扣眼系紧或以抽带束紧，用来塑造纤细的腰身。

棉（Cotton）：从棉作物的种子中获取的天然纤维，经纺织后制成面料。最初应用于亚洲和美洲。

挑绣（Couched work）：装饰性的刺绣技法。

定制时装（Couture work）：高端时尚的代表，量身定制的服装。法文中的"缝纫"一词。

垂褶领（Cowl neck）：柔软而宽大的垂褶领形，具有女性化的美学特征。

（旧式）领结（Cravat）：源自于克罗地亚，领结有图案装饰，围绕颈部的一周打褶，正面较宽，常折叠或有垂褶。

绉纱（Crepe）：如同薄纱的梭织面料，丝线加捻后赋予织物弹性，较常见的有乔其纱和双绉。

水手领（Crew neck）：圆形贴身领口。

硬衬布（Crinoline）：大幅的面料用于制作衬裙。

钩编（Crochet）：以钩针挑起纱线织成装饰性线圈，塑造出有孔织物，可作为针织的替代品。

宽腰带（Cummerbund）：围于腰部的丝缎宽束腰带。

雕绣（Cutwork）：通过对面料的挖剪塑造出装饰性的图案，而后以刺绣镶边或以贴花进行装饰。

花缎（Damask）：缎面织物，采用单一色调的丝、面或亚麻纱线织成装饰性图案。正反两面都有图案且织纹交替排列。

省道（Dart）：衣服的里层面料折叠后缝合，塑造出紧贴人体的服装廓型。

露肩领（Decolletage）：女装连衣裙的低开领口造型。

解构（Deconstruct）：挑战传统时装概念的设计手法，例如运用扭曲的造型、另类的面料等。

粗斜纹棉布（Denim）：棉质斜纹面料，以一根有色纱线和一根白色纱线交织而成，用来制作牛仔服装或工作服。

烂花（Devoré）：装饰性的工艺，常见于天鹅绒面料。面料的局部用酸浆腐蚀后呈现出半透明的花纹。

小礼服/无尾礼服（Dinner jacket）：男式短外套，用于正式的晚宴场合，通常设计有缎面翻领。

抽褶裙（Dirndl）：传统的奥地利连衣裙，上衣装饰有蕾丝，饱满的抽褶裙摆设计有围裙。

多尔曼袖（Dolman sleeve）：袖子为衣片的一部分，袖窿处较宽大，至袖口逐渐变窄。

双排扣（Double-breasted）：服装的前襟衣片上下重叠，以纵向平行的两排纽扣系紧。

双面织物（Double-faced）：用来形容两面皆可作为正面的面料。

抽纱刺绣品（Drawn-threadwork）：抽出织物的某些经纬纱线，以针迹缝合抽口，余下的纱线构成装饰性的图案。

斜纹布（Drill）：棉或麻制梭织斜纹布，耐用性好。

低腰（Drop waist）：裙子的腰带比人体的腰线低。

丝硬缎/公主缎（Duchess Satin）：奢华而厚重的丝缎，富有光泽。

染料（Dyes）：天然或合成颜料，用于为面料染色。

刺绣（Embroidery）：面料上的装饰性线迹，以同色系或对比色丝线制成，如丝、棉、麻和人造丝。

帝政式高腰线（Empire line）：高腰上衣搭配修长的裙摆，源自于19世纪。

肩章（Epaulette）：源自于军装制服，肩部装饰，可拆卸。

民族服装（Ethnic dress）：源自于不同文化的传统着装，演变为西式服装款式。

伊顿式阔翻领（Eton collar）：大而硬的上浆衣襟，可拆卸，源自于英国伊顿公学的制服。

纽孔/洞眼（Eyelet）：面料上的孔洞，用于系丝带或系扣，常以线迹或金属环加固。

贴边/褂面（Facing）：缝在衣服衬里边上的窄条。

抽纱（Fagoting）：两种面料缝口之间的间距加以装饰的刺绣图案，也可以描述抽纱工艺绣品，即抽除经纱和纬纱再加以捆扎。

费尔岛式（Fair Isle）：源自于同名苏格兰岛屿的针织技法。几种不同色彩的纱线织成横向的连续图案。

毛毡（Felt）：羊毛绒经过烘干、缩绒等工艺处理制成的面料。

法兰绒（Flannel）：毛纱织成的绒面毛织物。

暗门襟（Fly front）：裤子或裙子开口处的折叠面料，用于覆盖纽扣或拉链。

法式缝份（French seam）：用于缝合透薄面料的缝口，从衣物的外面可见。折叠后的毛边由第二道缝线缝合。

罩袍（Frock）：用于形容非正式的裙装或童装。

盘扣（Frogging）：用于固定衣襟或装饰，由布条织成，常位于大衣的门襟。饰扣由编织布条穿过布条环的下方向上系牢。

华达呢（Gabardine）：斜纹精纺棉或精纺毛织物。由托马斯.博柏利（Thomas Burberry）研发，用于制作著名的巴宝莉大衣。

堆褶（Gathering）：线迹在面料的一端聚集、缝合，从而缩短面料的宽度。通常被缝入缝口，在面料的另一端塑造出丰盈感。

乔其纱（Georgette）：轻盈的丝质或合成纤维梭织面料，织物表面有绉纱效果。

方格色织布（Gingham）：平纹棉布，不同色彩的经纬纱线塑造出格子图案。

三角布（Godet）：三角形裁片缝入裙摆接缝，塑造出喇叭形的底边效果。

拼衩（Gores）：裙摆裁片由臀部至底边逐渐变宽，塑造出合体的臀部和喇叭形的底边。

布纹线（Grain）：面料的丝缕方向性对服装裁剪造成影响。经线为纵向，纬线为横向。斜向为斜丝，具有弹力。织边位于织物的纵向边缘。

罗缎（Grosgrain）：厚重的丝绸面料或丝缎，具有棱纹状的表面纹路。

三角形衬料（Gusset）：三角形面料，拼缝后可增加衣物的宽度，提升服装的合体性。

电力纺（Habotai silk）：轻盈的丝绸面料，起源于日本。

吊带领（Halter neck）：无袖上衣，肩带系于颈后。

人字呢（Herringbone）：斜纹织物，织物的斜向设计有曲折线条。

千鸟格（Houndstooth）：一种格子图案，三角形和长方形经过拆分组合后构成四角图案。

纱线扎染布（Ikat）：源自于印度尼西亚，用于形容由扎染纱线织成的面料和图案。

嵌花编织（Intarsia）：针织工艺的一种，不同色彩的纱线经过针织塑造出服饰图案，常用于塑造独立的图案。

内衬/衬布（Interfacing）：一种用于加固外层面料或使其硬挺的黏合面料，缝制或粘合于面料和衬里之间。

暗裥（Inverted pleat）：将箱形褶翻转，面料折叠置于内层，下端饱满。

花边领饰（Jabot）：领口的花边或褶边，向下延伸，具有瀑布似的装饰效果。

提花织物（Jacquard）：织有图案的梭织面料。

针织面料（Jersey）：针织弹力织物，不同的针数可织出或轻薄或厚重的面料。

开衩（Kick pleat）：紧身裙摆底边的倒褶，折叠的面料置于内层，方便身体活动。

剑褶裥/顺风褶（Knife pleat）：褶裥倒向衣服的一边。

蕾丝（Lace）：针织或梭织而成的装饰性面料，网眼状的织物结构塑造出精致的效果。

金银锦缎（Lame）：以金、银等金属纱线织成的梭织面料。

翻领/驳头（Lapel）：外套或衬衫的前衣身的折叠设计，可以与衣领相连。

上等细布（Lawn）：棉或麻织成的质地细腻的半透明面料。

羊腿袖（Leg-of-mutton sleeve）：装袖，袖窿处抽褶，袖窿至肘部饱满，肘部至手腕收紧。

利伯蒂印花（Liberty print）：最初为应用于丝绸面料的手工印染的花卉或佩斯利印花，后用于棉或细麻布，由伦敦的利伯蒂公司设计。

亚麻（Linen）：由亚麻作物提取出的强韧纤维，用于织造轻薄、中厚和厚重面料，也可以纺线用于针织。

女内衣（Lingerie）：由丝绸等上等面料制成的内衣，常装饰有蕾丝或褶边。

衬里（Lining）：衣物的内层面料，用于遮盖缝口及毛边等细节。衬里为服装增添舒适性，还可以增加其保暖性和透气性。

卢勒克斯（Lurex）：商品名，将合成纤维纱线包覆于金属纱线表面，以增添织物的光泽感。

莱卡（Lycra）：弹性纤维的商品名。

马扎尔袖（Magyar sleeve）：用于形容一种源自于匈牙利的袖子造型，袖片与衣身前片连为一体，可有多种长度变化。

中式领（Mandarin collar）：前中开口的立式衣领造型，源自中国。

及踝裙（Maxi skirt）：裙摆长及脚踝或曳地。这一词汇出现于20世纪60年代，以区分中长裙和迷你裙。

美利奴羊毛（Merino）：由美利奴羊的毛绒纺成的羊毛，用于针织或梭织，其成品手感柔软、质量上乘。

超短裙（Micro mini）：很短的迷你裙，长至大腿根部。

中长裙（Midi skirt）：用于形容长

及小腿的裙摆，以区分迷你裙和及踝裙。

迷你裙（Miniskirt）：裙长范围由大腿至膝盖的短裙，由20世纪60年代的英国设计师玛丽·匡特设计。

斜接线（Miter）：斜向拼合的接缝。

马海毛（Mohair）：以安哥拉山羊毛纺线织成的面料，表面具有长短不一的绒毛效果。

云纹织物（Moire）：织物表面以波浪形图案塑造出水波纹效果。

厚毛头斜纹棉布（Moleskin）：织纹紧密的棉布，柔软的绒面具有仿麂皮的外观和手感。

平纹细布（Muslin）：轻盈的梭织棉织物或麻织物，具有半透明的松散织物结构。

纳帕真皮（Nappa leather）：质量上乘、柔韧的皮革，适于制作柔软手感的服装，也用于制作手套。

宽大的女便服（Negligee）：由轻薄面料制成的裙装或长袍，常具有华丽的美感。

尼赫鲁领（Nehru collar）：高圆立领，前中开口，最初由印度领导人贾瓦哈拉尔·尼赫鲁穿着，后在嬉皮运动及披头士乐队的影响下变得流行。

新风貌（New look）：迪奥在1947年创造的服装廓型，裙长较长、纤细的腰部及宽大的底摆。此造型为战后的艰难岁月增添了一抹亮色。

新浪漫主义（New Romantic）：20世纪70年代末至80年代中期青年人所推崇的街头风格。灵感来源于18世纪的女装，采用蕾丝、褶边等细节，搭配戏剧化的彩妆，男女皆可穿着。这一风格与音乐及俱乐部主题相融合，迅速被主流时尚圈所接纳。

刀眼（Notch）：纸样上的标记，用于表明服装裁片在何处对位缝合。在纸样上采用三角形标记，并

在面料边缘剪出切口。

尼龙（Nylon）：合成纤维面料的商品名，涵盖了多种质量、特性与手感的面料，用途广泛。

渐变色（Ombre）：面料或纱线染成色彩渐变的效果，通常采用浸染的方式。

蝉翼纱（Organdy）：细腻的棉质或合成纤维制成的薄纱，具有挺括的手感。

欧根纱（Organza）：以丝、棉、人造丝或聚酯纤维制成的轻薄透明面料，手感挺括。

东方风格（Orientalism）：西方时尚对于亚洲及中东地区面料及服装造型的演绎。

佩斯利涡旋花纹（Paisley pattern）：装饰性图案，由印度的宝石坠图案演变而来，因生产克什米尔披肩的苏格兰小镇而得名。

平绒（Panne velvet）：富有光泽的天鹅绒，手感柔软。

边饰（Passementerie）：用于形容装饰性的花边和流苏，常采用丝线和金银线，装饰效果奢华。

贴袋（Patch pocket）：特定造型的面料缝制于服装表面形成口袋。口袋的边线和开口缝线可起到加固或装饰的功能。

拼布（Patchwork）：由小块面料拼合在一起，以获得装饰效果。拼合图案复杂，以几何效果或随机方式缝合。小块面料的色彩与色调对于塑造图案至关重要。

漆皮（Patent leather）：皮革表面的涂层赋予其高度的光泽感。

铅笔裙（Pencil skirt）：长至膝盖或小腿的紧身裙，后中常设计有开衩，便于活动。

腰裙（Peplum）：缝于腰带处的短罩裙，为服装带来荷叶边效果。

彼得潘领（Peter Pan collar）：最

初见于女装或童装，领子为圆角设计，柔软，通常无领座。

衬裙（Petticoat）：连衣裙或短裙里层的打底裙，可以设计为层叠造型为裙摆增添量感，也可以为透明的裙装增添私密性。

锯齿边（Picot）：以丝带、流苏或蕾丝制成的装饰，在布边形成图案。

绒毛（Pile）：额外的纱线织入梭织面料表面，剪平后形成绒面，如天鹅绒和灯芯绒。织物在剪绒时需考虑其方向性，否则将影响其光泽。

细褶（Pin tucks）：由细腻的褶皱缝制而成的平行线条，具有装饰效果。

滚边（Piping）：织物或衣服上的装饰性花边。制作滚边的面料须采用斜裁方式，使其贴合曲线。

凹凸织物（Pique）：梭织棉质面料表面凸起，如蜂巢形或格子图案。

门襟（Placket）：衣服领部的开口，使服装便于穿脱，门襟通常以纽扣扣合。

方格布（Plaid）：梭织斜纹织物，以格子图案搭配纵横交叉的条纹图案，图案色彩和形状具有多种变化。最初见于苏格兰格子呢。

褶裥（Pleat）：折叠面料构成风琴般的平行线条，造型上有多种变化，如箱形褶或暗褶。面料可以采用热定型的方式制作永久性的褶裥，也可以在洗涤后通过熨烫的方式制作褶裥。褶裥可以一侧固定，另一侧展开；也可以双侧固定，起到装饰效果。

聚酯纤维（Polyester）：合成纤维制成的纱线，经过梭织或针织可制成免烫面料，具有不易起皱和快干等特性。此面料通过热定型处理可制作成永久性的褶裥。

绒球（Pom-pom）：以绒线或毛线制成的装饰性绒球，也可以用面

料和羽毛制成。

穗饰披肩（Poncho）：以三角形的羊毛面料制成的斗篷，中心设计有套头开孔，面料的角置于前中或后中。

府绸（Poplin）：梭织面料，经线为丝线，纬线为棉线，表面具有细腻的纹路。如今，此面料可采用人造纤维或棉混纺制成。

权威穿着（Power dressing）：形容20世纪80年代具有男子气概的服装廓型，以宽垫肩设计的肩部造型搭配女性化的纤腰、腰褶和褶皱，配以短铅笔裙和高跟鞋可塑造出充满力量感的商务造型。

学院风（Preppy style）：源自于美国学生的休闲装扮，以斜纹棉布、休闲西装、费尔岛针织衫和百褶裙为主要风格，塑造出充满朝气的形象特征。

公主线（Princess line）：上衣和裙摆为一体式裁剪，利用腰部的省道和裙摆的三角形衬布塑造出合体性和摆围。腰部合体，裙摆量感丰富。

迷幻图案（Psychedelic）：色彩明亮的旋转图案，通常具有光学效果，也用于形容20世纪六七十年代的嬉皮士风格。

泡泡袖（Puffed sleeve）：短袖，袖山头和袖口处抽褶，塑造出泡泡造型。

朋克风格（Punk style）：被剥夺话语权的年轻人于20世纪70年代创造的街头风格，颠覆了社会与时尚圈的规则。受到当时音乐风格的影响，以铆钉和安全别针作为装饰，利用挑衅的标语代表反权威、反时尚的宣言。

聚氯乙烯纤维（PVC）：Polyvinyl chloride的缩写，可制作成一种塑料质感的面料，或制成具有防水效果的高光泽涂层。

绗缝（Quilting）：以长针缝制有

夹层的纺织物，起到装饰和固定的效果。

插肩袖（Raglan sleeve）：袖子由颈部至腋下斜向缝合，避免使用肩缝。

拉拉裙（Ra-ra skirt）：由拉拉队员穿用的层叠褶皱短裙，在20世纪80年代风靡一时。

黏胶纤维（Rayon）：丝质的人造纤维，由纤维素构成，适于制作内衣风格的服装。

复古（Retro）：用于形容以过去的时装款式作为灵感的设计作品。

翻领（Reverse）：用于形容织物或服装的反面，也可形容衣领中的驳领。

人造钻石（Rhinestone）：一种刻面宝石，用于制作装饰，为服装增添光彩。

针织罗纹（Ribbing）：一种针织图案，穿插使用平针和反针，织成具有纵向条纹的弹力织物，用于服装下摆、领口、袖口和门襟。

翻领（Roll collar）：一种无棱角的卷边衣领。

卷边（Rolled hem）：以精致细腻的面料制成的窄边，应用于内衣和围巾的设计中，适合采用斜丝或圆形剪裁。

滚条/滚边（Rouleaux）：条状斜裁面料缝合后翻转制成细带，可用于制作肩带或扣襻。

褶裥饰边（Ruching）：抽褶的条状面料缝于衣服上，具有装饰效果。

轮状皱领（Ruff）：可拆卸的打褶衣领，可层叠使用。衣领以蕾丝或亚麻制成，上浆后硬挺，利于造型。

荷叶边（Ruffles）：抽褶褶边或荷叶边，通常围绕于领口或袖口边缘，亦可缝制于衣身或育克之上。

绗缝线迹/撩针线迹（Running stitch）：丝线穿过面料形成的简单线迹，通常为直线，可用于塑造装饰性图案。

纱丽（Sari）：传统的印度服装，由一定长度的面料围裹身体构成，腰部打褶，由肩部下垂。

纱笼（Sarong）：传统的印度尼西亚服装，围于腰部后系紧，也可以系于腋下，是沙滩装的理想款式。

腰带/饰带（Sash）：围绕腰部的宽饰带，或由肩部斜跨至对侧臀部。通常采用同色面料或丝带，可系紧或以别针固定。

色丁（Sateen）：缎纹棉织物，表面富有光泽。

丝缎（Satin）：织物表面平滑，富有光泽，反面则较暗淡。由经线一次性穿过数根纬线织成。

汤匙领/U形领（Scoop neck）：低开的圆弧形领口，可以设计为低胸领口。

泡泡纱（Seersucker）：织物表面起皱，以棉或合成纤维织成，是太阳裙的理想面料。

镶边（Selvage）：面料经线方向的两侧边缘。

闪光装饰片（Sequins）：将塑料或金属裁剪成不同大小和造型的薄片，其上打孔便于缝纫。

双宫绸（Shantung silk）：厚重的粗纺丝绸，表面不平整，富于肌理效果。

青果领（Shawl collar）：衣领围绕颈部逐渐变宽，而后变窄，在前中形成V字形。

抽褶（Shirring）：数排平行针迹将面料抽褶，易于拉伸，可用于收紧面料或增添弹力。

闪光绸（Shot silk）：采用不同色彩的经纬纱线梭织而成，具有绚丽的光泽和双色效果。

丝绸（Silk）：以蚕丝纤维制成，柔韧的纤维被纺织成奢华的面料。

插袋（Slash pocket）：无袋盖口袋，开口为一条窄缝，可设计为水平、垂直或有多种角度变化。

袖山（Sleeve head）：袖片的顶部，与袖窿连接的部分。其造型的变化取决于袖子的式样。

女式长衬裙（Slip）：材质轻盈的衬裙，通常作为透明衣裙的衬里。也可以设计为太阳裙或特殊场合服装。

罩衫（Smock）：亚麻制成的宽松服装，最初由农场工人穿用，设计有育克。后应用于儿童服装和非正式的女装设计中，制作成孕妇装和大码服装十分理想。

装饰衣褶（Smocking）：装饰性的刺绣技法，利用一系列平行线迹均匀抽褶塑造形感。

细肩带（Spaghetti straps）：极细的肩带，适用于太阳裙和特殊场合着装。可设计为固定肩带或系带，或以搭扣系紧。

氨纶（Spandex）：具有弹力的合成纤维，可与棉、羊毛等纤维混纺。应用于内衣、泳装和运动装面料中，塑造贴合人体的穿着效果。

立翻领（Stand and fall collar）：两片式衣领，领座与圆形领口线相连，外层衣领折叠并外翻。

立领（Stand collar）：衣领立于领口线之上，有多种造型，包括尼赫鲁衣领。

上浆（Starch）：通过喷洒或水洗的处理方式使面料变得硬挺。可采用天然或化学浆料。

女式披肩（Stole）：以奢华面料制成的披肩，用于特殊场合。

石磨洗（Stone washing）：面料的做旧方式，用于处理斜纹棉布等面料。将面料置于滚筒内，采用大石头将其磨粗糙。

街头风格（Street style）：年轻人创造的风格，用于呈现他们眼中的流行文化，被设计师重新包装和演绎后，塑造出更加商业化的服饰风格。

鸡心形领口（Sweetheart neckline）：弧线形的V字领口，类似心形，具有装饰上衣的效果。

无袖圆领斗篷式上衣（Tarbard）：侧向开口的宽松服装，常作为保护服装穿于连衣裙等衣物外层。

塔夫绸（Taffeta）：丝质或合成纤维面料，厚重、挺括而有光泽，适于制作晚礼服及特殊场合服装。

背心衫（Tank top）：无袖针织套头衫设计有船员领或V形领，作为外层服装穿着。

梭结花边（Tatting）：如同蕾丝的面料或装饰花边，以线梭编织成线圈，图案多样。

扎染（Tie dyeing）：源自于亚洲或非洲的印染技法，通过线绳将织物打结，避免其吸收染料，从而在织物的局部形成本色花纹。

多层褶裥（Tiers）：层叠的褶裥或荷叶边，通常用于裙摆或衬裙的设计中。

宽外袍（Toga）：古罗马服装，以半圆形面料围裹身体构成。

套环（Toggle）：圆柱形或圆锥形扣合件，常见于粗呢大衣，以绳编线环扣紧。

拖裙（Train）：服装的背面拖垂于身后，最初源自于典礼服装，后被运用于晚礼服和婚礼服的设计中。

战壕式风衣（Trench coat）：以防水的棉或羊毛制成的风雨衣，源自于军用服装，设计有披肩领、肩章、腰带，可设计为单排扣或双排扣。

塔克（Tuck）：面料折叠后以直线线迹缝纫，起到塑型或装饰的目的，通常为一系列平行褶裥。

郁金香裙（Tulip skirt）：郁金香花朵般的裙摆造型围裹身体至底边，塑造出圆弧形轮廓。

薄纱（Tulle）：真丝或合成纤维网

纱，用于制作衬裙或面纱，亦常见于晚装。通常较柔软，上浆后呈现出硬挺的外观。

圆翻领（Turtle neck）： 翻折的高圆领。

燕尾服（Tuxedo）： 男式晚装外套，设计有缎面翻领，有时为青果领，在正式场合或晚宴场合穿用。

粗花呢（Tweed）： 梭织羊毛面料，源自于苏格兰，以平纹或斜纹织物为主，有方格呢、人字呢等多种图案与配色。

斜纹布（Twill）： 梭织面料，其经纱和纬纱至少隔两根交织一次，构成罗纹状的斜向纹路。

实用服装（Utility clothing）： 控制生产成本与面料成本的服装款式，源自于战后物资短缺与定量配给的年代。

天鹅绒（Velvet）： 以棉、真丝或合成纤维织成柔软致密的绒面面料，通过割绒工艺塑造出面料的光泽与奢华感。

开衩（Vent）： 服装背部或侧边的纵向开口，便于身体活动。

背心（Vest）： 无袖套头衫，长度各异，可作为外层服装穿着。

复古服装（Vintage clothing）： 具有怀旧情调的复古服装，各个时期的古着服装可以混搭，还可与当代服装搭配。

黏胶纤维（Viscose）： 以植物纤维为原料制作而成的仿真丝纤维，也被称作人造丝。

巴里纱（Voile）： 挺括的轻薄面料，最初以棉为原料，后亦采用蚕丝或人造纤维织造。

宝塔式荷叶边（Volant）： 用于装饰的波浪形荷叶边或褶边，通常由圆形裁剪而成。

腰带（Waistband）： 围绕于腰部的饰带，用于装饰短裙或连衣裙。

腰缝（Waist seam）： 将连衣裙的上衣和裙摆缝合的接缝。

经线（Warp）： 织机上的垂直纱线、与布边平行，与纬线交织。

织法（Weave）： 用于形容织机上的经纬纱线相互交织成面料的方法，可塑造出不同的梭织结构和图案。

纬线（Weft）： 织机上的水平纱线，与经线交织。

白织物的白色刺绣（White work）： 运用白色绣线在白色织物表面刺绣，塑造出细腻的装饰效果。也用于形容马德拉刺绣。

翼形领（Wing collar）： 常见于男式正装礼服衬衫，立领，两个领角有折痕且向下弯折。

羊毛（Wool）： 源于畜牧业的纤维产品，取自绵羊、山羊或羊驼，其绒毛纺线后用于针织、梭织或制作毛毡。

纱线（Yarn）： 天然纤维或人造纤维经过纺纱后制成纱线，后用于生产梭织或针织面料。